未读 | 探索家

Nature Wonders Youth Edition
国际科普大师丛书（青春版）● 博物篇

花朵的秘密生命

一朵花的自然史

ANATOMY OF A ROSE

Exploring the Secret Life of Flowers

[美] 沙曼·阿普特·萝赛
(Sharman Apt Russell) /著
钟友珊/译

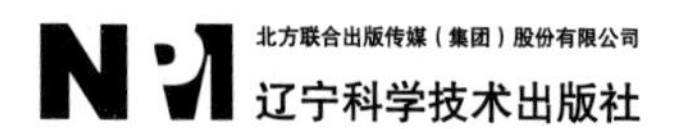
北方联合出版传媒（集团）股份有限公司
辽宁科学技术出版社

著作权合同登记号：图字 01-2017-2312 号

图书在版编目（CIP）数据

花朵的秘密生命 / (美) 沙曼 · 阿普特 · 萝赛著 ；钟友珊译. -- 沈阳 ：辽宁科学技术出版社，2025. 1.
(国际科普大师丛书 ：青春版). -- ISBN 978-7-5591-3960-3

Ⅰ. Q944.58-49

中国国家版本馆CIP数据核字第20248M71B6号

出 版 者：辽宁科学技术出版社
（地址：沈阳市和平区十一纬路25号 邮编：110003）
印 刷 者：大厂回族自治县德诚印务有限公司
发 行 者：未读（天津）文化传媒有限公司
幅面尺寸：889mm × 1194mm，32开
印 张：5.75
字 数：132千字
出版时间：2025年1月第1版
印刷时间：2025年1月第1次印刷
选题策划：联合天际
责任编辑：张歌燕 马 航 于天文 王丽颖
特约编辑：张雅洁 王羽翯
美术编辑：王晓园
封面设计：typo_d
责任校对：王玉宝

关注未读好书

客服咨询

书 号：ISBN 978-7-5591-3960-3
定 价：36.00元

献给彼得：我爱你

目录

致谢

我要谢谢我的丈夫彼得，两个小孩大卫和玛丽亚。他们对我的支持始终如一，是我的重要支柱。彼得是我在家的编辑，玛丽亚陪我参加了在密苏里州圣路易斯举行的第十六届国际植物学研讨会，她是个逗人开心的旅伴。还要谢谢我的朋友盖尔·斯坦福陪我参观亨廷顿花园。

阿曼达·库克是我在珀尔修斯出版社的编辑，她鼓励我依直觉行事，说我自己想说的话。这本书能最终出版，她的功劳很大。

写这本书的手稿时，我曾打电话、发电子邮件向很多我不认识的热心人士求教，我参考他们的研究，征求他们的意见。以下学者曾不计时间精力协助我，我对他们有说不完的感谢。然而，若这本书最后仍不免有疏漏之处，我当负全责。

杰克·卡特就书的最前面部分给了我一些很好的建议。

尼克·瓦泽从头到尾耐心读完每一个章节，提出很多建议，有些地方他甚至看过两次。三十多年来，瓦泽活跃于花的生理研究，我的书目及注释，很多都援引他的研究。他愿意帮助我，正显示了他对教育及环保的真诚关注。我想瓦泽就是那种永不言倦的人，可以边做飞燕草的演讲，边同时抛接六颗球，而且只用单脚站立。

拉尔斯·奇卡堪为任何有志于成为科学研究者的人的楷模。他在蜂类视力和昆虫行为方面的研究令人振奋。我在《盲眼窥视者》一章的初稿中直接引用了他的很多作品，有些部分考虑到非专业读者的需要，进行了删减。尽管如此，只要是对这个领域有兴趣的读者，都会喜欢奇卡的文章，不论它们发表在学术著作还是通俗刊物上。

罗布·拉古索给了我很多的鼓励和帮助。他是《有所不知》的主角，也指导了《玫瑰香》一章。

艾利森·布罗迪为我提供了她的数篇有关花蜜采集的论文，她也就前几章给了我一些建议。

玛莎·韦斯帮我审读了有关蝴蝶和花的变色研究方面的几章内容。我在《美的物理》一章中大量援引了她的研究。

史蒂夫·麦克唐纳为了一些讨论复杂演化过程的段落，跟我一起伤了不少脑筋。

借由神奇的电子邮件，澳大利亚阿德莱德大学的教授罗格·西摩审阅了我为《夜在燃烧》一章所准备的资料中有关他的研究的部分。

朱迪丝·布朗斯顿大方审阅了《鬼把戏》一章。这章讲的是她在互利共生、丝兰和丝兰蛾方面的研究成果。

布伦特·米什勒是“湛绿计划”（Deep Green）的发言人，帮我审读了《巴别塔与生命之树》《花与恐龙》等章。

柯克·约翰逊也指点了我在《花与恐龙》一章中的正确写作方向。

最后，我要谢谢位于新墨西哥州银城的西新墨西哥大学馆际借阅部门里的所有工作人员，没有你们的协助，这本书不可能完成。

第一章

美的物理

我可以从化学的角度解释向日葵的美丽。但即使撇开知识不谈，我也知道什么是美。我所不解的是美何以会牵动我的情绪。

曾经，我的祖母在堪萨斯州有一个大花园，用来供应我父亲墓前供奉的鲜花。我们会剪下一束束的金鱼草、百日菊，还有波斯菊，装进墓碑旁的咖啡罐里。我父亲去世时三十二岁。我们住在新墨西哥州的银城，那里的人们会用节日的装饰品——像是复活节彩蛋、圣诞树、塑胶花环，或是情人节的心形装饰等——装饰儿童的坟墓。有些父母在孩子去世多年后仍然保持这个习惯。

直到祖母以九十二岁高龄去世，亲人墓上的鲜花从没间断过。她会将光彩夺目的金盏花献给小儿子米尔本·格兰特·阿普特，将高雅庄重的白菊花献给丈夫奥利·塞缪尔·阿普特。

为什么我们将鲜花献给逝者？为什么我们把它送给哀伤的人、生病的人、我们所爱的人？

五万年前的尼安德特人，也以风信子和矢车菊陪葬。

我们献上的究竟是什么？

花并不是权力的象征。它们的生命短暂而脆弱，不能够象征永恒。而且，说实在的，花跟人生现实或是人类的需求都沾不上边。

花有的只是片刻的美丽。

安妮·迪拉德曾在《教石头开口》一文中不平地说："大自然以沉默作为一种表达方式；世上万物都是从这块缄默又亘古不易的石块上剥落的一小片碎屑。中国人认为，尽管世界包罗万象，但它并不会告诉我们些什么。"

迪拉德相信，地球之所以沉默，是因为我们不再觉得它神圣。大部分人都对这样的损失不以为意。最后，大自然再也不跟我们讲话了。我的经验比较特别，大自然从不对我报以沉默。它无时无刻不在我的耳边低语，讲的都是同一件事：既不是“爱”，也不是“崇拜”，更不是“嘘……挖这里！”

大自然说的是：“美啊……真是美啊！”有时是低语，有时是咆哮。

我走在新墨西哥州的山坡上，一丛丛野花开得到处都是。旁边的人正跟我谈论传粉生物学，但我被野花震慑，无法边走边专心听。我几乎喘不过气来，就像一只兴奋过度的小狗，尾巴被家具绊到，跌了个四脚朝天。

这是个典型的仙人掌沙漠，遍地都是硕大的巨柱仙人掌、令人望而生畏的结节仙人掌，还有雄赳赳的强刺仙人球。每一株都有自己的势力范围，错落有致，各展英姿。红色的吊钟柳、黄色的雏菊、橙色的罂粟、紫色的亚麻，在满布石砾的地面上一齐绽放，随风舞动，像是一片从山顶延伸到旱谷的旗海，多彩多姿有如喜悦的化身。盛开的花朵充满节日般的兴奋感，我仿佛受邀参加派对。

我想起过去，觉得很伤感。我原本是住在这里的啊！我的家在沙漠里，在群山中，花朵环绕。如果当初留下来，我会过得很快乐。我默默想着：“到底发生了什么？”

当自然以美召唤我时，我并不是每次都能给予适当的回应。我心急火燎地想要进入它的世界，跪倒在草地上。太美了，真是太美了。

我以前很少像现在这样感到平静，觉得身心一片澄澈。

我在邻居家的后院里，驻足欣赏一朵向日葵。它的花瓣由许多小部件构成，就像印度的曼陀罗一样，向日葵本身也由许多小花组成。在花的中心，每朵纤细的筒状花都有能够产生花粉的合生花药、能够迎接花粉的雌蕊柱头，以及内含日后将发育成种子的胚珠的子房。如果一切顺利，每个筒状花会将自己的花粉传给蜜蜂或是其他昆虫。花粉是极富营养的食物，不过总是掉得到处都是；传粉者就是没有办法摆脱沾在脚上、胸部、头部、背部或是翼下的花粉粒。最终，一部分含有精子的花粉粒会附着在另一朵筒状花的柱头上。最理想的情况是，每一朵筒状花都能得到其他筒状花的花粉而受精，每个胚珠都能发育成种子。

另一方面，沿着花中心的边缘，舌状花一瓣一瓣地连成一圈。这对蜜蜂而言就像是一圈环状指示灯。和雏菊、蒲公英一样，向日葵实际上是一个花序，是由一群小花交织所组成的群落。

这些花瓣是最纯正的橙黄色，仿佛蕴含了整个星球所需的能量，足以转动一座核电厂；它也像钟声，轻轻敲开了我的心扉。

向日葵的香味更是高深莫测。我弯下腰，闻到了土地和叶子的气味，还有一种淡雅的香气。有些我闻过却很难叫出名字的气味分子，比如萜烯、莰烯和柠檬烯，有些认不出来也几乎闻不到的气味，还有些我永远都不可能知道的气味，因为我根本就闻不到。

我可以从化学的角度解释向日葵的美丽。但即使撇开知识不谈，我也知道什么是美。我所不解的是美何以会牵动我的情绪。

环保人士奥尔多·利奥波德曾写道：

> 对美的物理研究好像仍停留在黑暗时代。科学家推演着弯曲时空的数学公式，却不曾试着解答美的方程式。谁都知道北方树林在秋天的景象：大地、红枫，加上披肩榛鸡。用传统物理学的方式来看，在每平方米的土地上，一只松鸡只能代表千分之四左右的质量或能量；然而少了松鸡，大地一片死寂。

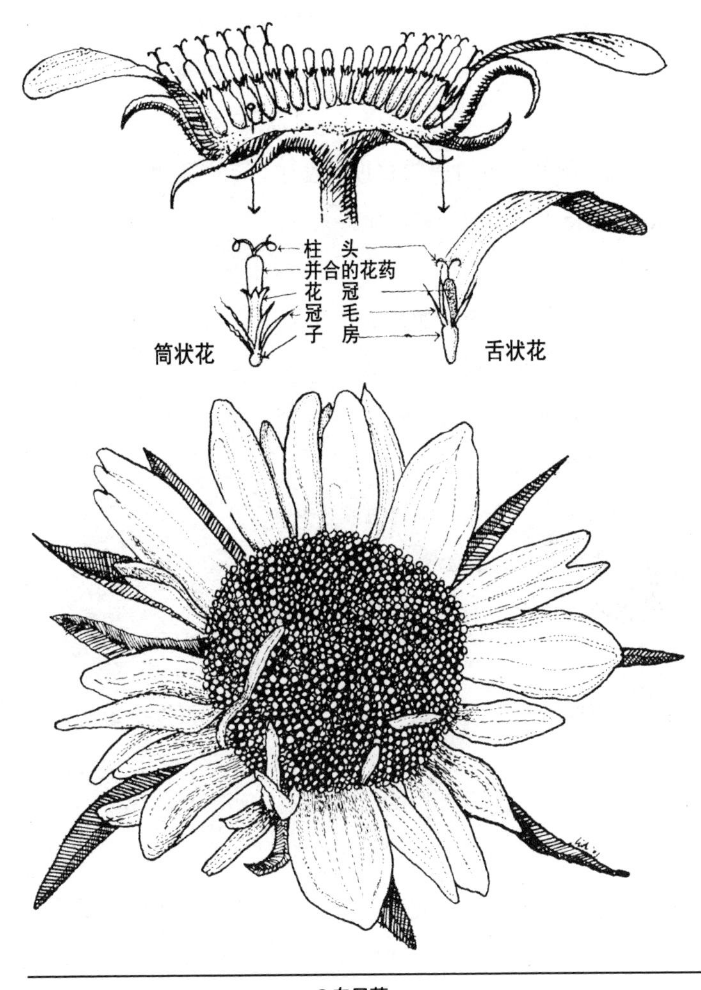

●向日葵

没有花，世界对人类来说就是死寂的。世上不开花的植物有苔藓、叶苔、松柏、苏铁、蕨类植物和银杏，其他所有的植物，包括我们和其他动物所食用的，几乎都要靠花来繁殖。

我们知道花很美，但忽略了它们存在的必要性。

现在我们要开始探讨美的物理属性了。哲学家和科学家已经携手合作，整理出了宇宙的一些规律。

宇宙有趋于复杂的倾向。

宇宙是个紧密联结的网络。

宇宙以达到对称为目的。

宇宙有自己的节奏。

宇宙倾向于自成一体的组织系统。

宇宙依靠反馈和回应维持。

因此，宇宙是善变而不羁的。

这些宇宙间的规律可能就是构成美的元素。可以确定的是，它们正是花的元素。

开花植物在世界各地绽放，成为最复杂多变的植物种类。除了针叶林和满布地衣的冻原外，到处都能见到花的踪迹。它们的种类之多令人惊叹。我们走过开着尖头小花的草地，几乎不会发觉脚下踩到了什么。我们欣赏的是直径达一米、唇瓣离地面一米高、中心凸起近三米的尺寸惊人的巨型蒟蒻。

早期的探险家认为巨型蒟蒻是靠大象饮用其根部贮藏的水时，

无意间擦到带着花粉的肉质轴而传粉的。

大象传粉这种事是植物版的天方夜谭。不过花的确会借由各种动物传粉，比如鼬、小型蓟马，或是鸟类、蜥蜴、蝴蝶、蚋、蟑螂、松鼠等。在非洲有种花是靠长颈鹿帮忙传粉的，而巨型蒟蒻则是靠埋葬虫传粉的。

和巨型蒟蒻一样，大部分的花都得依靠双方合作。它们要靠跟自己完全不同的物种，把精子带到另一朵花，再把其他相配的花的精子带到自己的子房中。

有些花靠风来传粉，采用“航空寄件”。不论是希腊流传的北风可以使母驴受精的传说，还是蜘蛛女或摩西曾使红海从中分开的故事，都不会比这个更匪夷所思。

美的物理以数学为基础。向日葵的种子数量呈螺旋状递增，有二十一、三十四、五十五、八十九粒的不同类型。有的花特别大，甚至会有一百四十四粒种子。每一个种子数都是前面两个的总和。这样的模式几乎随处可见，例如松针、软体动物的壳、鹦鹉的喙与螺旋状星系等。第十四个数目之后，每个数字除以前一个数字，就会得到名为“黄金比例”的长宽比。古埃及的金字塔、希腊帕特农神庙以及几乎所有的美术甚至音乐创作，依循的都是这个比例。在我们内耳螺旋状的耳蜗里，音阶以近似的频率振动；音符和低一音阶的音符，两者振动频率相除，得到的也是近似的比例。

美的模式不断重演。

更巧妙的是，美的物理属性自有一套独一无二、自成一体的组织架构。科学家已经知道，不论是花对外界的敏锐度或采取行动时的个体差异，都远远超乎我们的想象。植物会对这个世界做出回应，有自己观察、触碰、品尝、嗅闻、聆听这个世界的方式。

尽管在土壤里生了根，花可是一刻也静不下来的。大家都知道向日葵会随着太阳改变方向，早上向东转，下午向西转。它的茎部有对光敏感的细胞，可以“看”到阳光，而茎生长的方向带动了花转动的方向。在植物中，有些细胞能够看到光谱中的红光，有些可以看到蓝光或绿光。植物甚至可以看到我们看不到的波长的光，比如紫外线。

大部分的植物都对触碰有反应，例如捕蝇草会迅速合起来，轻碰豆科植物攀爬的藤须会使它卷起来，而风的吹拂会让幼苗长得矮而结实。随着触碰植物部位和次数的不同，可以让它决定是否关闭气孔、延后开花的时间、增加新陈代谢速率，还是制造更多的叶绿素。

植物对触碰是很敏感的。

它们也“尝遍”了我们周遭的世界。向日葵用根品尝泥土以探寻养分。它的根可以深入地下两三米，品评出最好的食物来源，然后向那边长去。有些植物的叶子可以尝出毛虫唾液的味道，附近若有受毛毛虫侵害的植物，还能嗅出它们释放出的化合物。研究显示，有些种子若闻到或尝到烟的味道，会更快发芽。

某些特定的声波也可能会促使植物更快发芽。向日葵和豆科植物一样，都会因听到某种类似人声，但分贝较高的声音而长得更快。

花和传粉者有其他的办法经由声音找到彼此。有种热带藤蔓植物靠蝙蝠传粉，它会用有凹陷的花瓣反射蝙蝠发射的声呐。蝙蝠呼唤花，花也做出回应。

我们对花所知越多，它们就越活泼灵动。也许通过这样的倾听，可以让植物对我们重新开口。

我仍然可以闻到祖母花园里的香味。

对于始终热爱的花朵，我们才刚刚要开始去了解。

第二章

盲眼窥视者

看一眼这个招牌吧，拜托！不用等人带路，晚餐就在这里吃了吧。

我们走过开满野花的田野。一丛丛紫色点缀了整片山坡。驻足近看，才发现那是红色的跃升花、橙色的球葵、蓝色的亚麻、黄色的金盏花。花朵让我们置身于用点描画的世界里。我们心中的重担消失无踪，觉得无比轻松，心情如旋律般飞扬。我们真想像鸟儿一样歌唱。

不用说，我们爱花是基于对色彩的喜爱。人的眼睛会处理反射进来的光线，将之传到大脑，色彩的知觉就此产生。色彩跟种种情感意念脱不了关系：黄色代表愉悦，灰色代表伤心，白色超凡脱俗。失去辨色能力的人，对泪水的认知只跟它的成分有关。曾有人患有眼疾，在他眼中，妻子和朋友是“会动的灰色石雕”，食物和性爱都让他反胃；人生似乎一无是处，显得污秽而虚假。

大部分的人往往把色彩的存在看作理所当然的事。我们很少注意到迷人的蓝天，也将维系生存的绿色视为家常便饭；非得要一朵粉紫色的天竺葵才能让人眼前一亮，要紫红色的玫瑰才能让我们赞叹。我们喜欢忽然映入眼帘的橙色，以及瞬间闪过的一抹蓝。

超过二十五万种的植物会开花，形成一个由颜色、香味和形状所组成的庞大队伍，其壮观度足以媲美P.T. 巴纳姆[1]的“地球上最伟大的表演”。

不过这场表演可不是给人类看的。虽然我们坐在戏院里鼓掌赞

(1) 译注：P.T. 巴纳姆（P.T. Barnum），美国人，身兼剧场经理、艺人、公关等多重身份。他于一八七一年开始著名的马戏团巡回表演，该表演于一八八一年和詹姆斯·贝利（James A. Bailey）的马戏团表演合并，称为“地球上最伟大的表演”。

叹，但其实大部分的演出内容都看不懂。我们错过了一些最精彩的把戏。花朵暗藏着我们察觉不到的模式，也反射出我们意想不到的色彩：红罂粟对熊蜂来说不是红的，黄色蛤蟆草在一只蝴蝶看来不见得是黄的，紫色金鱼草也有着异样的闪光。

当我们被花朵环绕时，也见证了它们的光芒，内心受到鼓舞，满怀感激。

然而我们是那么无知，可比盲眼的窥探者。

我躺在草坪上，依偎着一丛雏菊。它们的中心是蛋黄一样的颜色，花瓣是柔和的乳白。附近有朵跃升花正炫耀着自己如喇叭般修长的花瓣，这些花瓣形成一个五角的星形开口。我只剩下几分钟的时间了，蚂蚁将爬上我的脚踝，有刺的叶子会扎到皮肤，我会感觉很不自在。毕竟现在离地面这么近，连三十厘米都不到。很快我就会想要起身，重拾两足动物的视野。

有好几分钟之久，雏菊的白色花瓣占据了我的心。土地和树叶的味道是如此熟悉。当阳光炙热的能量润泽田野，我被它散发出的一阵阵能量轻摇入梦。波长较长的有无线电波、红外线，还有近红外线（就是它把我赤裸的腿晒得发烫）；波长较短的有紫外线、X射线、伽马射线——它们多半都不会到达地球表面。

而在紫外线和近红外线之间，满载能量的光子波长恰在人类可见的范围内，属于可见光。我们会把不同波长的光看作不同的颜色；光谱的其中一端是紫色，另一端是红色。

我稍稍上前，红色跃升花的花瓣顿时放大，占据了整个视野。花瓣细胞中含有色素，能够吸收或反射不同波长的光。跃升花的色素就是反射了红光范围里的光波；而其余大部分波长的光波都被它吸收了，所以我看不到那些颜色。

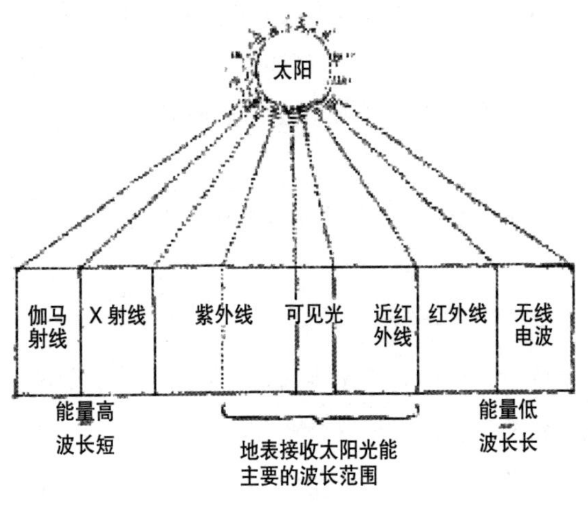
太阳
伽马射线
X 射线
紫外线
可见光
近红外线
红外线
无线电波
能量高
波长短
地表接收太阳光能主要的波长范围
能量低
波长长

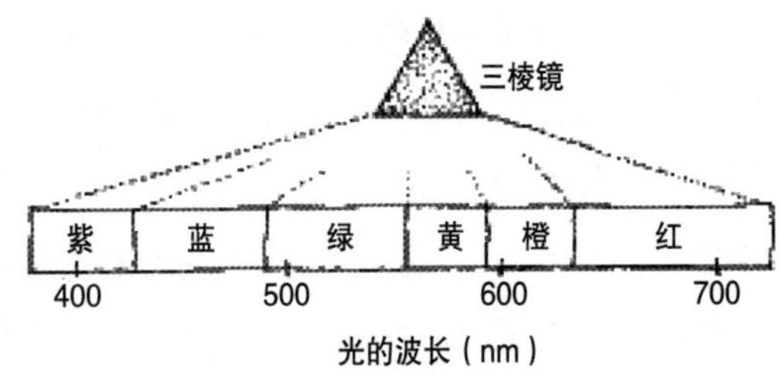
三棱镜
紫
蓝
绿
黄
橙
红
400
500
600
700
光的波长（nm）

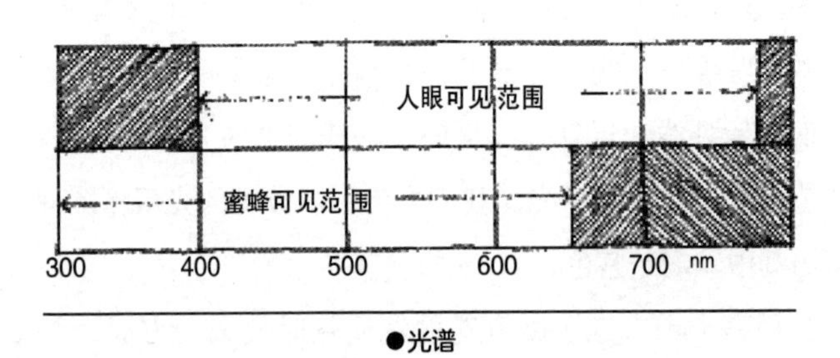
人眼可见范围
蜜蜂可见范围
300
400
500
600
700
nm

●光谱

花把那些颜色藏起来了。

我看到的是进入我眼中那被反射的红光。眼睛会把它转换成电化学能量，送到大脑，于是我脑中浮现：“嗯……猩红色，是朵斗牛士。”

尽管那些看到光线、看到红色的原理我全都明白，但是这些现象如此复杂，而且就发生在一瞬间，说真的，我也很讶异自己竟然能够用三言两语就说清了。

我又转向那朵雏菊。

有些白花的色素，会把所有可见光谱内的光都反射回去，不管是红、橙、黄、绿、蓝，还是紫光。当物体的所有颜色都被反射掉时，我们就看见了白色。

然而，大部分的白花靠的不是色素，而是花瓣细胞间布满空气的间隙来反射光线。同样的道理，雪花之所以是白的，是因为结晶颗粒之间有填满空气的间隙。花朵细胞不同的排列方式可以造成光线散射或高度折射，产生从天鹅绒般的雾蒙蒙到晶莹耀眼的不同效果。如果我们挤压一朵含有空气间隙的花使空气散出后，软绵绵的花瓣将变得暗淡无光。

如果所有可见光都被花瓣或其他物体吸收，我们就会看见黑色。黑色的花并不多见，不过曾在一九三九年于墨西哥的瓦哈卡被人发现。五十年后，一位植物学家出发寻找这朵名为“*Lisianthus nigrescens*”（黑色洋桔梗）的花，他描述这朵花看起来像是“点点发亮的煤油”，花开时宽二点五厘米，有如“黑缎制成的钟”。他在实验室里发现这朵花能够产生大量的色素，以惊人的速度把从红到紫的所有可见光吸收殆尽。没有人知道它靠什么传粉，也想不通一朵花为何要穿一袭黑衣。

绿色自然是我在这片原野中看到的主要颜色：雏菊叶子的深绿，跃升花茎部的浅绿，嫩草的宝石绿，杜松和北美黄松的苍绿等。在学校里，我们都学过光合作用，被称作叶绿素的色素能把光转换成能量；我们都仰赖它的恩赐。

叶绿素在位于紫蓝光和橙红光的波长范围内时吸收效果最佳；绿光的波长没有利用价值，所以会被反射回去。生物学家对此做出的解释是：当初远古植物在有着大量水生细菌的深海里进行演化时，这些细菌吸收利用的就是绿光；于是，能够利用其余波长的似植物细胞较其他细胞更有生存的机会。登上陆地后，有了充足的阳光，植物只须维持原来的效率继续反射绿光，不必吸收所有的光就能存活。今天我们不会走在长满“黑缎制成的钟”的树下或在煤黑色的草地上野餐，或许就是这个原因。我很庆幸植物有这样的先见之明。

一只蜂来拜访雏菊了。这家伙啪的一声落在花瓣上，引起一阵震颤。雏菊似乎突然精神一振，松了一口气。

我乐意当雏菊的情人，随着有节奏的波动摇摆，在阳光的轻哄下入眠。我愿拥抱红色的跃升花、紫色的马鞭草、橙色的天人菊、蓝色的亚麻、黄色的橐吾。我渴望雏菊，向往它的爱和色彩。不过我并不想承担这些责任。我不打算为这些花传粉，这些花也不曾为我等待。

蜂类是称职的传粉者，它们的种类超过两万五千种，有大有小，有的没有螫刺，有的极具攻击性；有的喜欢群居，有的偏好独处。长期以来我们一直都在研究蜂类，尤其是蜜蜂，它们能干的程度总是超乎想象。这些小东西会跳舞，能彼此沟通，有记忆和学习的能力，向来被称作昆虫界的智多星（很不公平地，蝴蝶却被视为金发蠢货）。蜜蜂教会我们千万不要小看他人。

蜜蜂有三种光感受器（又称为感光细胞），对紫外线、蓝光和绿光的区域最敏感；人类最敏感的区域则是蓝光、绿光和红光。物体反射或吸收紫外线的程度，决定了蜂类眼中的世界。

在这山上的草地中，黄色的数量之多让人惊叹，举目所及都是不同品种、不同形状大小的黄色花朵。黄色是如此明亮，看得人兴高采烈。大自然可是趁着大减价，把一抹抹的黄色全部搬回了家？

在我看来，所有的黄花都是黄色的，譬如土荆芥花、油菜花和芜菁花。不过由于这几种花反射紫外线的方式不同，蜜蜂看到的就是三种不同的颜色。

对人眼而言，光谱两端的紫光和红光，加起来会变成紫色；对蜜蜂而言，波长两端的紫外线和橙红光，合起来会成为被科学家称为“蜜蜂紫”的色彩，它也有更陌生的称谓，被叫作“foog”或“orumpho”。

当人眼可见光谱内的光都被物体反射回来时，我们就看见了白色。当蜜蜂可见光谱中的光——包括紫外线——都被反射出来时，蜜蜂会看到“蜜蜂白”，那是一种人类看不到的颜色。

对蜜蜂来说，大部分我们看成白色的花都是蓝绿色的，而雏菊的绿叶看起来是灰的。尽管蜜蜂能看到的红光范围有限，但是只有少数的花会吸收蜜蜂所有的可见光而成为“蜜蜂黑”；反射些许蓝光的红花在它们看来是蓝色的，反射紫外线的看起来就是“紫外色”。

紫外色是一种怎样的颜色？紫外色和蓝色合起来又会是什么颜色？若是黄色加上紫外色呢？这些草地上的花究竟是什么颜色？

我们无从得知，因为我们看不到。

也许，再也没有其他事情，比想象那些超乎自己演化经验的情形，更让我们感到无力。我们不会产生那些化学反应，也没有它们的神经元，没办法让这些色彩在脑中显现。

跃升花在微风中摇曳，鲜明的红色在风中摇出微微的光晕。白色斑点点缀着每朵花的星形开口，一路延伸到由花瓣聚合成的喇叭形花冠的深处。在更深的地方，还可以看到鲜艳的粉红。

花一旦吸引到传粉者的注意，就有机会让各种色彩发挥功能。像是这些小白点之类的指示记号，能指引动物来到贮存花蜜或花粉的地方；花中央的环就像是公牛的眼睛；直线和箭头也有神奇的指示效果；鸢尾花上的黄色痕迹则是停机坪，引导“小型飞机”降落；沼泽上的龙胆有一行行绿色斑块指明道路，猴面花的橙色斑点也有相同功能。

看一眼这个招牌吧，拜托！不用等人带路，晚餐就在这里吃了吧。

花朵不同的部位也有不同的色彩，各自反射或吸收紫外线，有些颜色标记是人类的眼睛看不到的。

想不到的颜色、不寻常的花纹，双重的视界带给我一阵兴奋的震颤。说得明白一点，我想看到蜜蜂所能看到的。

让我滑入梦的深层。

让我揭开眼前的面纱。

目前发现的花朵化石，最早可追溯到一亿两千万年前，那时蜜蜂早就出现了，而且可能早在花出现之前就有了色彩视力。在这场演化之舞当中，最先是花向蜜蜂献殷勤。花的颜色是招引它的部分诱因。“来嘛，来嘛……来到我身边。”花这样低语着。

当然，花演化的目的是要吸引更多样的昆虫。蝴蝶的可见光谱是从紫外线到亮红色，可看到的颜色比蜂类多，也比我们多，有些蛾类的色彩视力就跟蝴蝶一样好。甲虫是重要的传粉者，屎壳郎能区分黄和橙、紫和蓝、黄绿和浅绿。大部分苍蝇看见的世界是彩色的。小巧的蓟马靠采集花粉为生，对蓝绿、蓝色和黄色最为敏感。不过其他传粉者，包括胡蜂、蠼螋、蟑螂、书虱、蝗虫、蟋蟀和草蛉，它们的色彩视力都还没被人研究。

鸟为很多花传粉，拥有绝佳的视力。不论雌雄，北椋鸟都有一身黑得发亮的羽毛，虽然在我们看来一模一样，但在它们彼此眼中可是大不相同。吸引它们的是反射紫外线的图案，有关鸟类的书籍可印不出来。和蝴蝶一样，鸟可以轻易看到红色。在美洲，蜂鸟喜欢造访红花；缺乏传粉鸟类的中欧一带，红花也就比较少。

哺乳动物也能传粉。夜行性蝙蝠通常都吸吮白花或乳白色花的花蜜，因为这些花在夜色中看起来较为醒目。许多地鼠、小型有袋动物、啮齿动物喜欢在破晓时刻觅食，它们偏好轻淡的颜色。富含花蜜的花主要靠香味吸引哺乳动物，颜色通常较为暗淡、单调，也常常靠地面生长。

这些白色与蝙蝠、红色与鸟的模式，被称为“传粉综合征”。科学家一度认为颜色、香味、形状等花的特征会形成与拼字游戏类似的东西：标明花的种种特征后，就会浮现一个特定传粉者，出于天性必定喜欢黄色金盏花或红色跃升花；一朵狭长呈管状、有着甜蜜香气的蓝色花朵，就会跟蝴蝶配对；红色无香味、喇叭形的花就非蜂鸟传粉不可；而浅绿色、发出恶臭的花，则一定是吸引苍蝇的。

如今大多数科学家都不再迷信“传粉综合征”或“天生偏好”之类的理论，鸟类、蜂类和蝴蝶的不稳定性实在太大了。它们是自私自利的，只愿意为自己最喜欢或最容易找到的花传粉，而没有注定要为哪种花传粉。它们对野地充满经验，只凭选择和运气决定该怎么做。

实验者曾给年幼的黄凤蝶看不同颜色的纸花，结果显示它们最喜欢黄色，其次是蓝色和紫色。

然后，实验者用一种有黄色品种，也有洋红色品种的野花做实验，将没有花蜜的黄花，以及有花蜜的洋红花拿给蝴蝶看。为了把花蜜从黄花中吸干，实验者事先引入了一大群饥饿的蝴蝶；为保证花蜜已被吸干净，实验者还在装花蜜的小管中插入了小纸签。

结果，黄花仍是黄凤蝶的最爱；然而不过十次的拜访后，大部分蝴蝶都转向了洋红色的花。最后，这些已经有经验的蝴蝶面临第三种选择：有花蜜的黄花以及没有花蜜的洋红花。很快它们又改回来了。

蜂鸟也是同样的情形。它们本来喜欢的是红色，但如果把田野中一半的红色跃升花涂成白的，把剩下的红色花的花蜜移除，它们就会转移阵地。

颜色是一种微妙的诱惑，本身就像是广告，而红色，是其中的大型广告板。

可口可乐！百事可乐！来吧！

产品是需要些炒作的。

有些花需要依赖虚假广告，用颜色和香味暗示奖赏，然而这奖赏永远不会兑现。这类花的确得靠刚孵化、尚保有本能偏好的传粉者来光顾。有些高明的模仿者甚至能一而再，再而三地骗到传粉者。

花儿摇曳、争艳、咆哮。

来我这儿，来我这儿……过来！

研究花的科学家常需要把红色的花瓣涂成白色。他们用的是一种亚克力染料，声称不会对花造成伤害，也不会对传粉者产生不良影响。然后他们就退到一边观察：这回谁会来拜访它？

花也会自己尝试变换颜色，而且能达到预期效果。花可以一受精就变色，也可以等到应当受精的年纪时，自动变换颜色。新的色彩告诉传粉者这儿不需要它们效劳了，蜜蜂可以去找别的花，当然最好是同株植物或同个花序上的花。

一个更直接的办法就是让花掉落枯死。然而如果生殖过程还没有结束，花的某些部分可能还会用到。即使在完成受精后，花对于同株中其他还没有受精的花仍有利用价值。只要整个花丛还在，就能继续吸引远道而来的传粉者。

变色极为常见，其缤纷程度往往超乎想象。在同一科的花中，可能有些属会变色、有些不会；同一属中，也有些种会变色、有些不会；同一种中，有的个体会变、有的却不会。

变色的机制也五花八门。一种产于西印度群岛，名为孟南德洋紫荆的花，初生时是白色的，中心花瓣的中央有块大红斑；老化后，中心花瓣会向后弯曲，遮住红斑，同时周围的四片花瓣转为淡粉色，于是整朵花看起来都是粉红色的了，它传达出一个强烈的信号：“我老了，别碰我的柱头。”

同一属的花中若出现某种色素，则会让黄花变成红色；若缺乏某种色素则会让白花的黄色环带消失。

酸碱值的变化也会影响花的颜色，使粉红色的花变成蓝色，或把蓝花变成粉红色。

靠夜行蛾类或蝙蝠传粉的花，会从白色或乳白色变成暗红、金黄或紫色。变色后的花，尽管隐没在黑夜里，仍能产生香气，吸引传粉者前来拜访同株的其他花朵。

白色羽扇豆的旗瓣已变成紫色。

遍野的白百合明早会是粉色和红色。

黄色的花再也不是黄的了。

消息传递着，信息交流着。沟通暗码是颜色编成的，而颜色瞬息万变。

我们走过野花绽放的原野，有令人喜爱的黄色蛤蟆花（尽管它在蜜蜂眼中不是这个颜色），还有诱惑人的罂粟（虽然它实际上是反射紫外线的紫外色）。我们是盲眼的窥探者，受邀来到一个派对，认不出主人和大多数的客人，一路上笨拙地跌跌撞撞，看不清真相。但是这一切都不重要，我们觉得高兴就好。我们知道自己的感觉——花让我们快乐。

第三章

玫瑰香

一开始，花的香气是个诱惑，是晚餐铃声，也是广告。

百货公司的过道里摆满了以花为名的产品：玫瑰、兰花、紫罗兰、忍冬、玉兰、水仙、橙花、康乃馨、风信子。我们在肥皂、香水、泡泡浴、乳液、洗发水、除臭剂中，甚至在空气清新剂和清洁用品中添加香味。

我们希望闻起来像花的香味。

现在的文化跟古代大部分文化没什么不同。古印度人和古埃及人用香味敬拜神祇；古希腊人是制造香水的专家；《圣经》飘着缕缕焚香；欧洲人相信古龙水能驱除瘟疫；而阿兹特克男性贵族有佩戴花环的习惯。纵观整个人类历史，几乎所有地区或时代中的人都希望自己拥有花的香味。

今日大部分的香水都含有三大香味群，又称为“香水味阶”[1]。前味伴随着一阵扑鼻的花香，如紫丁香或百合；中味是主题香，采用的味道可能有茉莉、薰衣草，或是天竺葵的精油；后味又叫基础味阶，原料来自动物，如发情母鹿的麝香或麝猫肛门腺体分泌的苍白液体，这些成分巧妙给予人胴体和体温的联想。

人体有属于自己的一股气味，从散布在脸上、头皮、胸部、腋下、生殖器官附近的腺体散发出来，奇怪的是，人类对生殖器官散发出的气味一点也不动心；自古以来，我们就一直努力压抑身体所发出的精卵气味。有一个理论是说，当人类社群结构渐趋复杂后，暗示性欲的气味会考验伴侣之间的忠诚度，威胁人类的生存繁衍。

---

(1)　译注：香水三种味阶散发香味的顺序，依次是前味、中味，最后是基础味阶，也就是后味。

老实说，受到文化影响，我们认为自己的气味很恶心。我们不想闻起来太像人类。

不过，我们也不想闻起来像“物体”。我们希望吸引异性。所以，香水的前味是从会散发香气、吸引传粉者的花中提炼出来的，中味则来自闻起来像性类固醇的精油和树脂，而浓度较低的基调，意图不言自明。

我们不想太招摇，不希望闻起来太像鹿或是麝猫。

我们想要闻起来像玫瑰，像橙花，像茉莉。

就花来说，它们多半希望自己闻起来像食物。有些花希望闻起来像腐烂中的尸体，有些花希望闻起来像排泄物，有些则希望闻起来像是真菌。

花有自己的打算。

仅仅一朵花就能产生多达一百种化合物，这些化合物可随时间变化，混合组成不同的气味。每个部位的香味可能都不一样，能够传达出不同信息：在这里产卵！花蜜在这儿！吃吧！

会制造香味的化合物，剂量大时常常有毒。为了保护植物，它们以挥发性溶剂（容易从液体挥发成气体的油脂）的形式储存在特定细胞中，这些特定细胞通常就在花的内部；某几种溶剂可能是由花瓣组织产生，另几种溶剂则可能是由生殖器官负责制造。花香通常是很多种气味混合而成的，植物的营养组织也会增加花的香味。

气味经由挥发作用释放，一旦进入空气，分子就开始随机运动，彼此越隔越远，直到各自被风吹到植物附近为止。不过，有段时期气味分子是循一定路线扩散的。这种称为“气味线”的路线有一定的终点，目的通常是刺激昆虫的触角。昆虫触角上有几百个能够捕捉气味分子的细胞，围起来的区域大约就是昆虫的鼻孔所在，有些蛾类的鼻孔和一只小狗的一样大。狗靠嗅觉闻到气味，昆虫则是摆动触角。

昆虫会顺着气味的来源蜿蜒前行，若气味消失了，它们会选择往下飞或者侧飞。当一只寻寻觅觅的昆虫渐渐逼近，终于看见花时，它可能会突然直线飙向花朵。

花会闻起来这么香，是因为昆虫太会闻了。有些蛾类可以闻到一千米以外的东西；有些简直就像贵宾犬，几乎没有什么闻不到的；其他传粉者，尤其是蜂类，也能记住并分辨气味。作为回应，花会演化出一套复杂的香味，促成被植物学家称为“专一性”的现象。

“专一性”指的是传粉者对某朵或某种特定的花保持忠诚。首先，花“希望”让自己闻起来或者看起来跟竞争者不一样；其次，花要吸引一个能记得并认出其特质的传粉者；最后，花要传粉者忠诚，要它载满花粉离开后，去为另一朵相配的花授粉。

为了自己的利益着想，昆虫是愿意配合的。即使有其他花在开，蜂类可能还是会造访它熟悉的红花苜蓿或粉红色的紫茉莉，这样花能得到相似的花的传粉，而蜜蜂也能熟练地应付同一种花。在一趟觅食旅程中，蜜蜂可能会造访多达五百朵花，所以只要每次能省下一点时间和精力，就会迅速累积起来。我们买东西时也是采用同样的策略，每天都去同一家杂货店，开车上班时也是选择相同的路径。

由于不同的花在不同时间散发香味，昆虫可以同时忠于好几位主人。蓝菊苣早上有花蜜，红苜蓿在午后风味最佳，紫茉莉黄昏时开放，接着是月见草的时间。

蜜蜂对于气味的记忆，是跟一天中的某个时段连在一起的。通常，它会规划出一条“追猎路线”，在合适的时间造访恰当的花，最后径直飞回巢中。

产生香气的时机关系到花能否顺利繁殖。有些花，像是玫瑰和苜蓿，只有白天有香味，而有些花只有晚上会散发出香味。

有些香味你我永远都不可能闻到，因为我们并不是夜行动物。而有些香味就像是通往忠诚国度的地图。

全世界每年甘蔗和甜菜糖的产量达到一亿两千万吨。在澳大利亚、爱尔兰和丹麦，每人每年吃掉四十五公斤的精制糖，美国人稍微少一点。花蜜的主要成分是糖水，有时候也含有蔗糖，或是蔗糖、果糖、葡萄糖的混合物。我们大概都能了解蝴蝶的想法，我们想要吞下整条糖棒时，也会自动把嘴巴张得大大的。

不论是在深藏的蜜槽里，还是在敞开的囊袋中，花蜜都是给传粉者的报酬。每种花分泌花蜜的部位不同，任何部位都有可能。富含花蜜的花常有浓郁的香味，但不一定是从花蜜来的（由鸟传粉的花也有香味，但没那么强烈，因为鸟的嗅觉不是很好）。一开始，花的香气是个诱惑，是晚餐铃声，也是广告。

传粉者接近后，香气像是能看到的路标一样，进一步指引传粉者到达食物的来源。昆虫可以从花的香气判断出花是满载食物还是空空如也。

花蜘蛛会借花蜜认出宿主。它们躲在蜂鸟的鼻孔里，跟着它到处跑，一闻到对的花香，就从鸟喙中飞奔而出。

有些花把花粉当酬赏，因此发出的香味主要来自花粉。靠吃花粉的甲虫来传粉的植物尤其如此。蜂类也擅长闻出不同花的花粉。

对花粉香味最好的比喻，也许就像一顿只有干农活的人才吃得下的早餐：包括了蛋、培根、火腿、芝士、马铃薯、酥饼、肉汁；于是，一条气味线由煎锅向外延伸。

花粉也可以很性感。尚未交配的雌性向日葵蛾闻到花粉的香味时，会提早并且花更多时间向雄蛾发出求偶信号；于是，更多的卵有了成熟的机会。

食物、香味、性之间的互动是一种常态。有些花闻起来像是蝴蝶的性信息素[1]，而雄性木蜂会散发出闻起来像花香的信息素，香到简直可以吃了。经过几千年的模仿和盗用，花的挥发物已和昆虫的信息素共同演化了；花会仿制信息素，而信息素模仿花香。

我们也是。我们希望自己闻起来像一朵玫瑰、一只蝴蝶，甚至是昆虫的信息素。

不仅如此，很多蛾的性信息素的主要成分，和雌性印度象分泌在尿液中的性信息素成分相同；这尿液是为了吸引公象，体形越大的公象越好。

一项实验显示，闻过麝香（喜马拉雅鹿的性吸引物）的女性，月经周期会变短，排卵更频繁，更容易受孕。麝香的气味就跟人类尿液里类固醇的味道相仿，睾酮之类的类固醇的化学结构，则和没药的树脂类似。我们在香水中添加这些树脂，跟我们利用花的挥发物其实是一回事。

自然界这么多东西闻起来相像，也许可以用大自然的效率原则来解释。在一个地方有用的化合物，在另一个地方也能产生效用。我们都来自同一盅原生汤。诗人和科学家一样，都指出了事物间的共通性。类比是真实存在的，暗喻在化学层面得到彰显。

《圣经》里，诗歌般的《雅歌》说香味是爱的语言："爱人来到我怀中，像胸膛间的一袋没药。爱人来到我怀中，像恩盖迪葡萄园里的一簇凤仙花。"

凤仙花、青柠、栗子的花闻起来和精液的味道一样；没药的香

(1) 编注：信息素是同种生物间用以互相沟通的化学物质。

味跟人体头皮腺体分泌油的气味相仿。

我们希望闻起来像玫瑰，像凤仙。

但我们不想闻起来像全世界规模最大的花序、那将近三米高的巨型蒟蒻一样（相传这花是由大象传粉）。它的恶臭曾令人昏死过去。

我们不愿像食蝇芋，因为在海鸥聚落附近演化，它变得闻起来像腐烂中的鸟尸。这种天南星科植物呈圆形，盘子大小，灰紫带粉红斑，长着名为毛状体的暗红色茸毛。它的腐臭吸引绿头苍蝇前来觅食、产卵。苍蝇爬进这看似挖空的眼窝或是挑逗的肛门的玩意儿，直到花的深处，然后被逮住，而逃脱之路已被刚毛封锁。

绿头苍蝇靠吸食花蜜为生，并在花里产卵，但这些卵会因缺乏食物而饿死。然后在一瞬间，花释放出花粉，浇满了绿头苍蝇的全身；接着刚毛枯萎了，绿头苍蝇得以重新爬出。

其他靠苍蝇、甲虫传粉的花闻起来可以像是死掉的动物、腐烂的鱼，甚至是粪便。再配上红色、紫色、咖啡色等颜色，效果就更突出了。暗色斑点或多瘤的区域看起来像一群正在摄食的昆虫。这从植物的俗名就可以看得出来，比如“臭鼬甘蓝菜”（skunk cabbage）、“尸臭花”（corpse flower）和“臭鹅脚”（stinking goosefoot）[(1)]。

我们不想闻起来像食蝇芋，却愿意闻起来像茉莉，尽管它的前味在腻人的甜香中带有明显可辨的粪便气味。在最浅层、可追溯到儿时的层面，在心灵难以觉察的层面，这气味点明了我们跟世界

(1) 译注：这三种植物的学名分别为：臭菘、巨型魔芋、臭藜。

其他物种间的亲缘关系。于是，我们习惯了在最好的香水中加入粪尿味。

多数的花闻起来像家餐厅，用香气通知（或诱骗）昆虫这里有食物。

有些花则有家的味道，像是安顿一家子的理想处所。蕈蚋在真菌中产卵，幼虫孵出后就以花为食；模仿真菌的植物在森林低处生长，开深紫色或棕色的花；花上多肉的区域似乎特别能吸引蕈蚋；有种兰花有片柔滑如鳃的区域，就像是蘑菇的菌褶。

有些花男扮女装招揽性交易，香气是它们装扮的一部分。某种地中海兰的唇瓣呈椭圆状凸起，散发出紫蓝色的金属光芒。窄窄的黄色外缘处长了一圈红毛。丝状暗红的上瓣在风中摇摆，宛如昆虫的触角。这种兰花不论看起来或闻起来都像一只雌性胡蜂，当雄性胡蜂发光并上前交配时，花粉就沾到它头上了。

拟交配很少见，但绝非独一无二。全世界各地都有蜜蜂、胡蜂或其他昆虫，试图跟虚有其表的花朵交配。其实只被花骗骗还算幸运，芫菁的幼虫也懂得缩成一团，使自己看起来甚至闻起来都像只雌蜂。这些幼虫先是依附在雄蜂上，趁机摸进哺育幼蜂的巢室，然后大啖其中贮存的花粉。

不过还是有表里合一的时候。“香水花”使用香气的方法是最赤裸、最奇特的一种，它的香味告诉雄性长舌蜂有什么样的香气，然后就像在百货公司为重要的一夜采买一般，蜜蜂把有香味的汁液用前脚毛茸茸的触须抹干。香味储存在后脚的囊袋里，跟其他味道结合，就成为独家调配、难以抗拒的信息素。

香味可以是“来吧”，也可以是“滚开”。有些已受精的花会改变香味，告知传粉者到别的地方去。许多花就此完全停止制造香味，这是最彻底的拒绝方式。

传粉者也会利用香气。蜂类会分泌一种能够标记已造访花朵的信息素，这种只能维持一会儿的气味是备忘录：这朵花没花蜜了。而其他蜂对这种味道也会有反应，毕竟谁也不想爬进空的花冠里。

世界上最名贵的香水之一“欢乐”（Joy），是由少量茉莉加上大量玫瑰调配而成的。玫瑰总是令人热情迸发：罗马人狂欢庆祝玫瑰节；早期的基督教玫瑰念珠，也是由一百六十五片干燥卷起的玫瑰花瓣穿成的。

玫瑰的香味先是被我们鼻腔中的黏膜吸收，然后向边缘系统发射信号；这是大脑最早组成的部分，也是我们的情感中枢。在这里，嗅觉记忆比视觉记忆维持得更久。

我们想要闻起来像朵玫瑰，而我们的确是。每样东西闻起来都像其他东西。任意角落里都有分子在空气中飘浮，跟其他分子推挤碰撞，然后被感觉细胞、昆虫触角、狗的鼻子捕捉，或被情人吸入。我们想融入进去，希望能随风飘舞，也渴望心旌摇曳的感受。

第四章

未来的面貌

无论是在飞燕草的针管里，还是在这充满生机的世界上的任何角落，我都能见到演化的足迹。

我邻居后院的西番莲，像是由一个听说过花这玩意儿，但未曾亲眼见过的工程师设计打造的，也像是出自一个迷上直升机的女人之手。

西番莲是有层次的。基部由五个绿色萼片加上五片绿色花瓣组成，一圈尖细的花瓣旋绕其上，像是一只由不同颜色的同心圆所组成的海葵：外缘是淡紫色，进来是一圈白色、一圈紫色宽带、一圈绿色，再是细细一圈紫色、一圈淡绿，中心则是深紫色。

从中心升起将近二点五厘米高的花梗，垂下五片像是自行车刹车片的垫子，垫子底部沾满了闪闪发光的花粉，如果有被底层色块或花蜜吸引来的蜂类和苍蝇，花粉就会沾在它们身上。“刹车垫”的上方，柱头呈三片状伸张，活像一顶滑稽帽子上的螺旋桨。

这模样看起来可笑极了。

欧洲来的探险家第一次看到西番莲后，立刻献给了教皇，声称此花让他们联想到耶稣头上的荆棘王冠，还有他在十字架上受难的故事。

他们究竟在想些什么？也许是和我一样，想要在面对特立独行的西番莲时，找到某种比喻。

是海葵，是直升机，也是耶稣受难。

西番莲呈圆盘状，可以分为许多等份。它属于辐射对称的花[(1)]，

(1) 编注：通过花中心的任何一条线都可成为左右对称面的花，称为辐射对称花。多数花是辐射对称花。

昆虫可随处降落，然后爬到花的中心。这类花很好搞定，人人都有份。

植物学家把西番莲这样的花称为完全花，因为它兼有雄性和雌性器官。完全花的中心是被称为心皮的雌性器官，包含了胚珠（未受精的卵子）。心皮的基部是子房，名为花柱的柱形物则从子房伸出，顶端有一个或多个柱头，负责接收花粉。花粉内的精子会沿花柱内壁向下推进，让卵子受精。

通常雌性心皮的周围是一圈雄性器官，即雄蕊。它是一条梗状细丝，向上延伸连接到花药，那里正是制造花粉的地方。花瓣（全部的花瓣总称花冠）环绕雄蕊排列，紧包在花苞外面，像叶子一样的萼片（总称花萼）则围绕在花瓣下方生长。

如果你每天都观察花，就像好好吃早餐或做规律运动那样，就能记住这些名词，否则你只能记住像“直升机”这样的比喻。

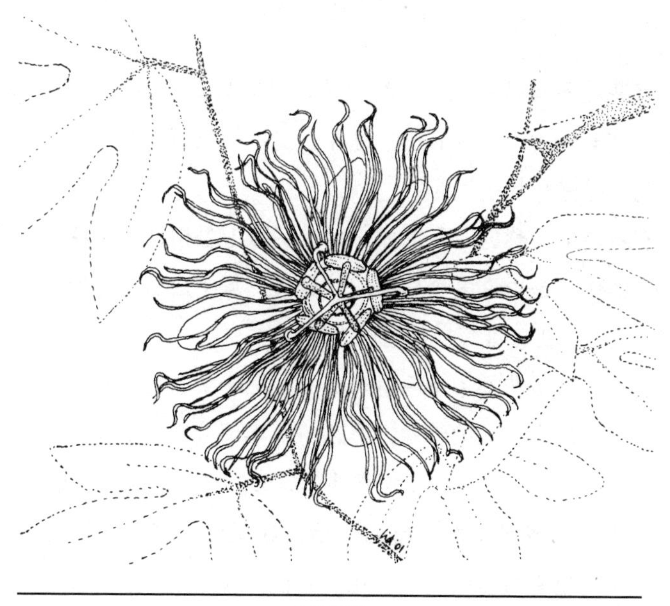

●西番莲

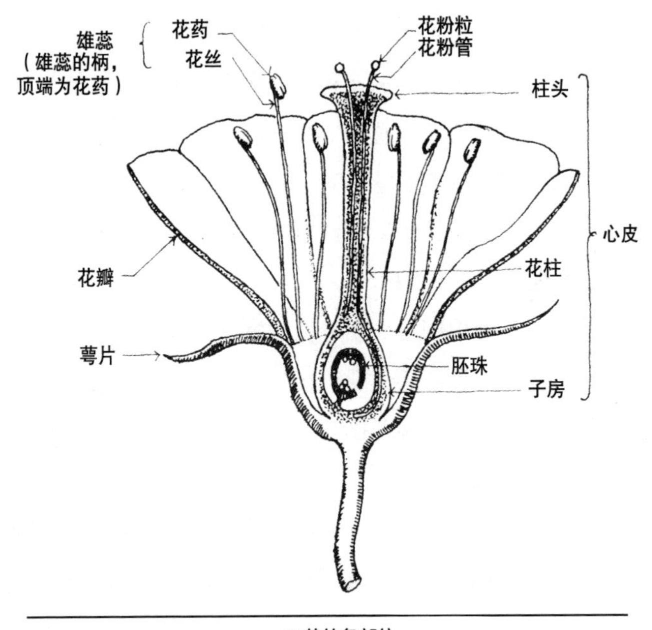

●花的各部位

有些花不具备以上的所有部位，可能只有雄性或是雌性器官。它们也许有一片或多片心皮，每片心皮可能只有一个胚珠，或像某些兰花一样有五十万个胚珠。

有些辐射对称的花，例如雏菊，实际上是由许多朵花组成的花序。花的中心是由许多个体组成的群落，每个成员都可能有自己小小的心皮、柱头、雄蕊、花冠和花萼。

当然，很多花都不是辐射对称的。把一朵左右对称的花切成两等份，将会出现彼此的镜像，但花的下半部分很可能就跟上半部分差别很大。左右对称花的花瓣常并合成形，看起来像是漏斗、铃铛、喇叭、烟斗、露趾拖鞋、蘑菇菌褶，或像是胡蜂、蜜蜂之类的玩意儿。雄蕊也有可能跟花冠或花的其他部位，比如子房或花柱相连并合。

有些花的萼片能兼任花瓣的角色。植物学家没办法分辨两者的区别时，就称这种萼片或花瓣为花被片或花瓣状的萼片。(西番莲的基部也可能是由被片组成的。)

植物分类依照的标准是同科植物的每个成员都由同一个祖先演化而来。然而，同科的花却可能有令人叹为观止的众多面貌，比如辐射对称的、狭长管状的和尖细如刺的。的确，在演化的过程中，花朵似乎在不停地变形：接合、移位、合并、转移。

保持形状的灵活性完全符合实际。花会因为传粉者、捕食者和环境的需要而改变自身形状。它可能“有意”吸引某种蜂类，或是抵御蚂蚁、节省水分。

例如，左右对称的花对于传粉者取走和撇下花粉的流程，会特别加以管控。

很多兰花有着装扮得漂漂亮亮的唇瓣，这是昆虫很好的落脚点，可以由此将头或整个身体推进花的内部。等它们顺着原路退出时，花粉就会沾到胸甲、腹部，或其他有可能碰到下一朵兰花柱头的部位上。

豆科的花只靠一片旗瓣召唤蜜蜂。两片较小的花瓣，或称翼瓣，环绕一片龙骨瓣。蜜蜂落在龙骨瓣上时，身体的重量会把它往下带，于是原来被花瓣包住的雄蕊会凸出来，给昆虫抹上一层粉。

飞燕草有根细长的针管，连在一片有翼的小花瓣上。小花瓣外围共五片被片，负责吸引熊蜂，并在它把头伸进翼间、长长的舌头伸进针管里搜寻花蜜时提供支撑。这时，针管顶端的雄蕊就会在熊蜂的头上抹上一层花粉。而蜂鸟为飞燕草传粉时是在花上盘旋，并不靠花来支撑，这时花粉就会抖落在它的喙上。

形态应乎需求，两者的搭配似乎相当和谐，但花并不只是那么单纯。

开花植物又被称为“被子植物”(*Angiospermae*)；词源“*sp-*

erma”指种子，“*angeion*”意指“在瓶子里的”，之所以有这个名字，是因为被子植物厚而密实的心皮能保护发育过程中的种子不受捕食者和恶劣环境的侵害。被子植物出现前是裸子植物（*Gymnospermae*，“*gymno*”意为“裸露的”），例如针叶树等植物的天下。植物的演化史中，心皮的出现是母性的大胜利，天使为此欢呼，赞美声四起。

封闭的心皮能否妥善保护种子对植物来说至关重要。有些花就是因为子房高于其他器官，所以容易受到攻击；而像玫瑰和蛤蟆草的子房，虽然也是高高在上，但有其他器官和花瓣环绕，能够受到比较周全的保护。至于兰花和雏菊，则将其小朵筒状花的子房用一层层密合的组织包裹起来，保护相当周全。

这种保护装置有时可以当作例子，印证形态确实会因为需求而改变；但有时这种变化不过是偶然，花的各部分是因为跟需求无关的理由而融合在一起的。彼得·伯恩哈特在《玫瑰之吻》一书中指出："兰花常需要并合，好让传粉者停在它的唇瓣和包括雄蕊、雌蕊的蕊柱之间。"花的各器官融为一体，于是子房就被包起来了。这样做有它的好处，但可能连带牵动了其他部位，于是新的问题需要解决，新的优势有待发掘。

花朵不停拨这弄那。

形态因需求而产生。

多半皆如此。

我切入飞燕草的小针管，假装是在寻找蜂鸟吸食的花蜜来源。我使用的是一把小型解剖刀、一把小镊子和一个放大镜。我的指头看起来硕大无比。我眯起眼睛，插入了解剖针。但我不可能看到我想看到的，我真正想看到的藏在飞燕草针管的底部。

演化是什么模样?

就演化而言，眯着眼睛以便寻找到蛛丝马迹并不为奇，它本是微观的过程；而演化就起因于基因和细胞里的变化。细胞复制、分裂时，染色体上的基因也跟着复制并分离到两个子细胞里。在这个过程中，基因有可能会发生改变。对生物体来说，改变可能有益、可能有害，也可能无所谓好坏。总之，复制出来的基因已稍有变异。

杂交育种时，来自亲代[1]的一组基因和来自另一个亲代的一组基因结合，产生出新的个体。这样的结合，让族群有了更多变化和更多样的基因。

自然选择就此取得主导地位。一个有益的基因突变，可能让个体得以在特定的环境下生存繁衍。这种改变有可能传给下一代，让它占有相对的生存优势。变化会持续累积，最终整个族群的形态会因此而改变。

前述的情形会不断重复。个体因为基因突变更能适应环境，并且提升了生存与繁殖的概率。正因为如此，基因突变渐渐变成了常态。

物种的基本定义，就是指一群能够彼此杂交，并产生有生殖能力的下一代的生物体。一个物种很可能会随着时间变化成为另一个物种，若最后原本的物种消失，只有演化后的物种存活下来，这就叫作“线系进化”。

若物种一分为二，则叫作“物种形成”。因为物种形成，我们才有了玫瑰、兰花和喜林芋。在这个过程中，自然选择只是参与了一部分，要先有别的要素起头才行。

通常情况下，两种或两种以上的族群会出于各种原因，以不同的方式分开：有时是大陆往北漂移，有时是新的岛屿从海中升起，

(1) 编注：产生后一代生物的生物，对后一代生物来说是亲代，所产生的后一代叫子代。

甚至有可能是小行星撞上地球。外在的力量会分散族群，内在的力量也是如此。分开的各个族群依循不同的途径演化，最终成为不同的物种。

在一项针对猴面花的研究中，研究者发现单是一个基因里的改变，就足以使花蜜的产量增加，也让蜂类的造访次数增加一倍。另一个微小的基因改变可以改变花的色素，让蜂类的造访次数减少百分之八十。要促成生殖隔离所需的基因变化可能就相对更少了，物种形成也是一样。

演化可快可慢，可以在百年内发生，也可以耗上几百万年的工夫。触发演化的原因可能是单个基因的改变，也可能是火山喷发。这是一个没有方向、缺乏目标的过程。演化靠的是基因的随机变化，依循自然选择的准则，这一切再加上外在环境的种种变数，使得情况极为复杂难测。

尽管演化不容易全盘了解，但它并不罕见。

演化是什么模样？看看四周吧！看看那棵树，那只鸟，那只虫。无论是在飞燕草的针管里，还是在这充满生机的世界上的任何角落，我都能见到演化的足迹。

但把单独一朵花拆开来看时，是看不到这样的足迹的。

我突然觉得自己像个连环杀手，被破碎的肢体包围。我只可能在生命的历程中看清演化的面貌，这历程无所不在，拥有上帝般的模样。生命并不等于生物体本身，也不是一棵树，而是创造树的那双手。

同时，它也是创造花的那双手。

靠蜂鸟传粉的花通常有弯曲的花冠筒，其弯曲弧度必须让鸟先把花冠筒推正，才有办法碰到花药。有些蜂鸟因此演化出形状跟花冠筒弧度相吻合的喙，以便更有效率地吸食花蜜。花也有对策，有些花演化出更弯的花冠，喙不够弯的鸟儿只好再度推开花冠筒的顶端。

听到这种事情，我们中的一些人会心生敬畏，就好像听到教堂里的管风琴声，或者看到阳光透过彩色玻璃窗流泻而下的景象。

飞燕草的花沿着一根长长的穗轴，一圈圈地长下来。轴底的花较老，体形较大，处于雌性阶段；花药已卸下了花粉，成熟的柱头正准备迎接它。顶层的花较年轻，体形较小，处于雄性阶段；花药正在制造花粉，而柱头尚未成熟。

较老、较大且生长位置较低的花往往花蜜较多。熊蜂的做法是从底层开始，一路向上采集，完事后再飞到下一朵飞燕草的底端。熊蜂这么做，能够以最小的精力和最少的飞行时间获取最多的花蜜，而飞燕草也喜欢这样，因为熊蜂会把花粉带给另一株飞燕草的雌花。

依照蜂的习性，飞燕草演化出了让自己达到最高传粉效率的方法；而依照花的生长结构，蜂类也已演化出一套做法，能觅到最多的食物。飞燕草和蜂类的合伙关系既非完美也不单纯，更非亘古不易。飞燕草仍希望能吸引其他的传粉者，蜂类也想发掘新的食物来源。

达尔文曾这样描写自己的进化理论：“这种看待生命气势磅礴的观点包括了数种力量，经由造物者之手，转化成一种或数种形式，在重力的不断作用下，这个星球从原始的状态中演化出美妙绝伦的一切，并且仍将继续下去。”

达尔文不费什么力气就在进化论里为造物主留了一个位置。我猜教皇也不难在一朵西番莲里看到基督受的苦难（西番莲又名苦难花）。然而身为二十世纪后半期的产物，我每天都在为这种事困扰。我剪下飞燕草，期盼看到上帝的模样。

事物始终处在变化之中，它的模样不会一成不变。

第五章

花间情事

蒲公英的确会制造些花粉，也会吸引昆虫。它可不笨，它的备选方案就是那些顶端的种子，其中百分之一都是异花传粉的结果。这样的花在多变的世界里，能够产生多样的子代。

三叶天南星打算要变性。紫罗兰有件心事。蒲公英正得意扬扬。水仙已经意乱情迷。制造了百万颗种子后，兰花终于满意了。倒挂金钟还不满足，弯下它的柱头去碰花粉。三色堇抬起阴门般的脸朝向天空，满怀期待地等候着。月见草关心的只有一件事——也不过就是那档子事。

在花园里散步简直会让人脸红。

大约百分之八十的花都是雌雄同体，既是雌性也是雄性。传粉是要让位于花药的花粉转移到柱头；当来自花药的精子和位于子房的卵子结合时，受精就产生了。

雌雄同体的两性花很容易就可以让自己传粉和受精，然而它们大部分都不会这样做。相反，它们尽量跟其他同种花卉的花粉和卵子杂交育种：我要这个，那个给你……没错，就是这样。

性，尤其是好的性，都跟异体受精脱不了关系。为什么？

到底为什么要有性的存在？

就个体和子孙而言，无性生殖简单多了。不需要考虑雄性或雄性器官的存在，投资减少了一半，更不需要耗费那么多的时间和精力，尽管去繁殖就好了。

在有性生殖的族群中，无性生殖的突变种占很大优势，它们能迅速繁衍，甚至取代原先的族群。而在无性生殖的族群中，有性生殖的突变种很吃亏，没多久就会绝灭。

性究竟有什么好处？科学家仍旧困惑。

不过，他们已经提出了一些理论。

当细胞准备分裂时，细胞中的基因会开始复制。在复制过程中，偶然的变化或差误可能是有害的，甚至是致命的。但是当个体得到的基因组来自父母双方时，危险的突变就可以被中和，因为正常的基因形式通常会取得主导，突变也就不会表现出来了。在无性生殖中，每代的有害基因会一直累积下去。

另一方面，来自不同亲代的基因重组，也会造成更多样的后代。根据自然选择的原则，基因重组的结果必须对子代有直接的利益。在多样的世界里，多样的子代有更多生存下去的机会。

还有一种理论着眼于性的长期结果。有人认为，自然选择并不会因为性或异体受精有利于物种延续而偏好它们，它并不在乎物种的存亡。不过性和异体受精对物种的确是有利的，因为它能防止有害突变的堆积，同时促进族群本身的多样性。当天气变冷、传粉者消失或新的疾病侵袭时，这样的族群当中可能有些个体仍能存活并继续繁殖下去。从长远来看，有幸得以有性生殖的物种（那些因复杂因素拒绝采用无性生殖的物种），可能就是最后的赢家。

这些都还是理论，但你已然信服。你认定应该有性，应该采取异体受精。

如此一来，首先要做的事，就是避免柱头被花粉阻塞。

有些花，例如飞燕草，会在不同的时间有不同的性器官。就像换着异性服装一般，它会经历一个雄性的阶段，让花药制造花粉，几个小时或几天后，它会进入雌性的阶段，柱头做好了接收花粉的准备。在这个时候，西番莲则会弯下柱头，采用后仰的姿势靠在自己的花药之间，这样就离有如色彩缤纷的马赛克般的花瓣更近，离传粉的蜜蜂也更近了。

也有些花的顺序刚好相反，先是柱头，后才是花药。

花也会隔开自己的各个部位。很多花的柱头会高高凸起，远离雄蕊的环绕。昆虫先是落在柱头上（这是个好落点），卸下它带来的花粉，再到花瓣间搜寻新的花粉。岩蔷薇的花药则对触碰很敏感，一旦传粉者来过后，花药就会朝柱头的反方向倒下。

这些器官的位置可是经过精心设计的。

有些植物和动物一样，有两性的分别。雄性柳树的花只有雄蕊，雌性柳树的花只有柱头。槲寄生有男有女，咬人猫、白杨、冬青也都是有先生有小姐。这种部位的分隔形式是最鲜明的。

有些植物的花虽有雌雄之分，但两性存在于同一个花序里。也有些种类除了雄花、雌花之外，还会多一种两性花，三者混生在同一个花序里。

植物摆弄自己的性器官或是转换性别，为的是要避免自花授粉。

也有少部分的植物能够选择自己的性别。一株欧洲杨梅可以第一年只长雌性花，第二年只长雄性花。它不是三心二意，而是针对土壤的含水量和养分，还有光线和温度做出反应。一般而言，雌性花需要较充足的养分及时间去孕育果实，所以在生长条件不佳时，植物自然会决定要当雄性。

幼年的三叶天南星通常在第一季都是雄性的。当它茁壮成长，存了足够的淀粉后，才会考虑试试更有挑战性的雌性角色。

传粉时，花粉会落在黏黏的柱头上，吸收水汽，胀大裂开，长出一根花粉管。管子会穿破柱头，往下一直生长到花柱，而管内的两个精子就这样被送到了子房。

受精时，其中一个精细胞跟卵细胞结合，形成种子的胚。另一个精细胞则跟另外两个卵细胞结合，成为胚乳，为胚提供营养。有了这种双受精，种子得以有足够的食物来源，也能尽快成熟。这种受精方式让开花植物比隐花植物占了更多的便宜，同时让人类得以享用各种可食的果实及种子，继而有了农业生产。

花的自体受精是不可避免的。有时会有意外，风可能吹错方向，蜂不一定都照规矩来。然后，事情就这样发生了。

不过，即使在这个时候，有些花仍能阻止自体受精。许多禾草的柱头认出一个太过熟悉的花粉粒时，会阻止花粉管的生长；月见草会在靠近柱头处就把它拦住；百合、罂粟则把这管子引到花柱的更深处，让它冲过头；对红色跃升花来说，即使花粉管能深入花柱到达子房，甚至已使卵受精，这个受精卵还是会被吸收掉。以上这些花是自交不亲和的。

有些花坚守自交不亲和的原则。

有些则摇摆不定。

对于某些种类的花来说，从另外一棵植株上来的花粉在授粉上占有优势，因为经异体受精产生的花粉管可以快些到达花柱。但它也不一定就能因此获得压倒性的胜利，因为途中的困难险阻很多。

所有自交不亲和的系统都不免有漏洞。于是有些花不再坚持——毕竟和自己繁殖总比不繁殖好。到了最后关头，还没传粉的柱头会向下或向四周弯曲，触碰自己的花药，或者取走残留在花柱上的花粉。

有些植物会开两种花，有些自体受精，有些异体受精。早春时节，紫罗兰开满了林地。要是有的花迟迟未授粉，植株就会再长出一朵花苞，这朵花苞不会绽放，也不会长高。它就在没人注意的情况下，自己让自己受精。

大多数的花把自体受精当作备选方案。但对有些花而言，这是常态。这类花的生长环境通常严苛多变，必须在很短时间内开花然后死亡。它们往往体形较小，没什么颜色，也没什么香味，看起来很青涩，好像还没发育完全。

能持续自体受精的植物，可以在别的植物生存不了的地方生存。它们不需要传粉者，所以繁殖很快，常常取代别的植物，据地为王。最后，它们整个族群的基因会趋向一致，基因都是固定的，特质也相同。同一物种的族群，若曾顺着不同的自体受精路线发展，常被误认为是不同的物种。十九世纪的一个植物学家，就曾把某种小小的自体受精植物生长出的二百多种形态不同的植株，错当成不同种的禾草。

自体受精还可以更进一步发展。蒲公英的子房不需要雄性精子来施舍也可以制造种子，这样的种子只从母方复制基因。这种不完全无配生殖，即植物学家彼得·伯恩哈特所称的“处女生子”的现象，在很多科的植物中均可见到。奇怪的是，有些这类的花还是需要授粉以促进子房的发育，不过花粉除此以外别无他用。

蒲公英的确会制造些花粉，也会吸引昆虫。它可不笨，它的备选方案就是那些顶端的种子，其中百分之一都是异花传粉的结果。这样的花在多变的世界里，能够产生多样的子代。

A 计划，B 计划，还要有 C 计划。

多种植物采用营养繁殖，长出根或是匍匐茎，繁殖出跟亲代具有完全相同的遗传结构的后代，即无性生殖系。目前所知仍存活的植物中，最古老的是生长于莫哈韦沙漠中无性生殖的石炭酸灌木，其祖先是一万两千年前的一颗种子。你可能已经猜到，这种古老的灌木也有个备选方案——雨季时，它就开出小小的黄花。

同属的花可以表现出数种不同的性策略。体形较大且有点炫耀意味的草甸碎米荠（*Cardamine pratensis*），会有许多昆虫帮其完成异花传粉，而且基本上是自体不兼容的；娇小的阿马拉碎米荠（*C. amara*）由苍蝇传粉，但能接受自体受精；而更小的碎米荠（*C. hirsuta*）总是自体受精。

花很灵活，但也有主见。

有种欧洲的兰花长得很像某种雌蜂。在地中海某些区域，跟这种花有亲属关系的花会被饥渴的雄蜂抓住，进行传粉。不过这种蜂在西欧绝迹后，它就演化成自体受精了。如今，花开几天后，花粉块（一团团、一块块附在茎上的花粉）就会懒洋洋地从花药上落下，吊挂在柱头前方，等待一阵清风拂来。

要是给这种兰花派个传粉者，它就又会回到杂交育种的模式。传粉者要是长得像直升机而不像蜂，花也会变换姿势。

说起来，人类的性也是同样千奇百怪，甚至还要更匪夷所思呢。

第六章

夜在燃烧

他很惊奇地发现花竟然是温的。他觉得自己搞不好拿到了一只被施以魔法的动物——一只被变成植物的动物，一只中了咒语的猫。

某一天，一男一女在洛杉矶的花园里相遇了，园中的喜林芋正在盛放。绿油油的裂叶喜林芋是常见的家庭盆栽，不过盆里的喜林芋通常都不会开花。这些种在户外的喜林芋全都开起来了。这一对男女同时惊讶地注意到一件事。

“这实在很……”女人说。

“是啊。”男人表示同意。

裂叶喜林芋有着乳白色的杆状的花，长约三十厘米，直径约二点五厘米，形状像阴茎。它的花实际上是由一个包含百个白色小花的花序构成的，每朵小花的大小和没煮过的稻谷差不多，它们共同长在一个秆子上，称作“肉穗花序”（或称“佛焰花序”）。肉穗花序包含三种彼此紧密相连的花，分别是位于底部、有生育能力的雌性花，中间不育的雄性花和顶端有生育能力的雄性花。整个肉穗花序的外面裹着叶子一般、被称为“佛焰苞”的苞片。苞片外层为绿色，内侧为黄色。

男人与女人展开了对话——而这对话持续了一生，聊到了房子、家具和两个孩子。有一天，男人突然过世，之后多年女人独自生活。当她老去后的某一天，她发现自己正走在巴西的街区路上，而那里，也正是喜林芋的故乡。

暮色微醺，空气中浸染了一种微弱的不知名的香气。当时气温只有十摄氏度，女人在肩上披了件薄毛衣。又是一个花园。她在开满喜林芋的花床前止步，绿色的佛焰苞已从肉穗花序中松松地垂落。女人弯下腰来，伸手碰了一下棒状的秆。

好烫!

她讶异地缩回手，再次弯下身，像孩子似的盘腿坐在步道上，面对着花床。白色的肉穗花序高达四十六摄氏度。热量是雄性小花制造的，蒸发后闻起来有种辛辣的、树脂似的味道。

那一刻，女人在步道上听到丈夫就在她耳边低语，她可以感觉到他就像过去那样摩挲着她的脖颈。过去种种不曾真正逝去。

我们一向把花跟爱联系在一起。希腊人把情侣变成花。一个少年被西风之神泽非罗斯及太阳神阿波罗变成了花：泽非罗斯杀了这男孩，而阿波罗把他变为风信子。还有个少年变成了水仙。金莲花曾是一个名叫阿多尼斯的猎人，他被阿佛洛狄忒（维纳斯）仰慕，但后来被野猪杀死。阿佛洛狄忒是爱神，玫瑰是她的代表花。

今天我们在节日、生日、毕业典礼、婚礼、周年纪念日和丧礼时送花，传达的信息始终如一：我爱你。

花可以当作爱的实际表征吗？这是可以证明的。先把既有的观念放在一边，想象你刚刚来到这世界，一切都很新鲜。你行经一片森林，发现一朵黄色的耧斗菜或是完美无瑕的白色百合。

你会有什么感觉？

在巴西，裂叶喜林芋的开花时间是从十一月初到十二月中旬，这个时节晚上很冷，需要加件薄毛衣。博图卡图市的植物学家观察到，裂叶喜林芋的花序到了傍晚左右就会开始加温。肉穗花序的温度和花香的浓烈程度，都在晚上七点到十点达到高峰。

此时，拟步行虫也从土壤中钻出，或从别的裂叶喜林芋里现身。甲虫顺着香味蜿蜒前进，当眼睛可辨认出目标物时，它就直接飞入佛焰苞中……砰！撞山！甲虫跌落花室的底部。那里的雌性花会分泌一种黏黏的物质，可以食用。于是甲虫就在这温暖、安全又阴暗的窝里爬行、吃喝，并且繁殖。一个佛焰苞里可容纳多达二百只昆虫，活像装满冰激凌的甜筒。

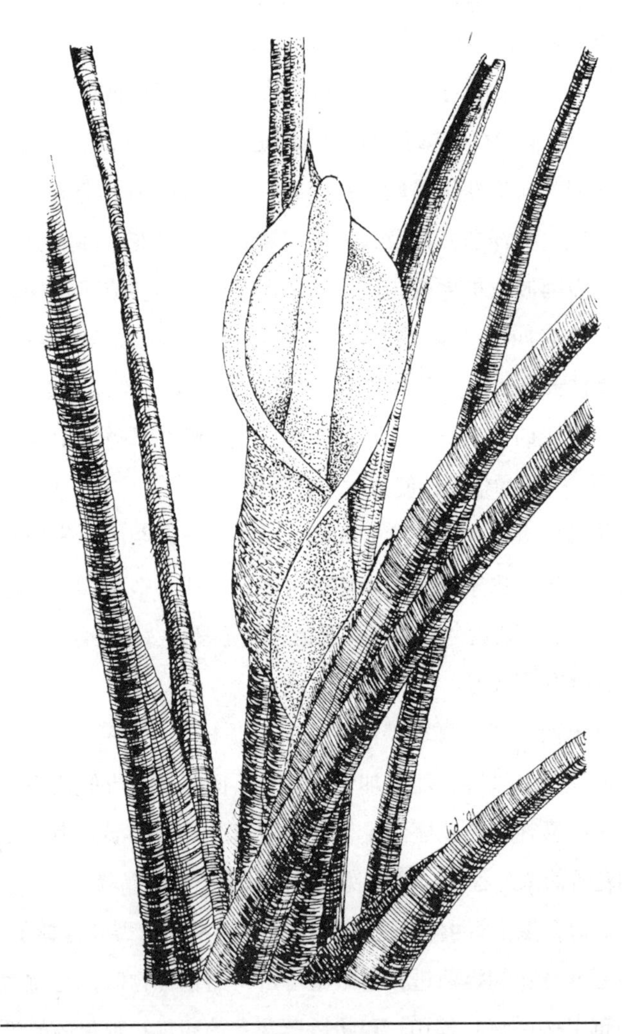

●裂叶喜林芋

这段时间过去后，花会降温，不过还是保持在比夜气稍微温暖一点的温度。从别的裂叶喜林芋来的昆虫已为雌性的小花充分传粉。第二天晚上，雄花释放出花粉，甲虫往肉穗花序上方涌去，在大啖花粉的同时也沾了一身。之后，甲虫又飞离花朵，开始另一个新的循环。

植物学家们为喜林芋着迷。它不但会制造热量，还会因外界温度的变化增加或降低热产量，调节自身温度。天气冷的时候，它设定在约三十七摄氏度。不参与生殖的雄性小花会在温度低于标准时，增加热能的产量；温度升高时则降低产量。天气热时，这些花则是保持在将近四十六摄氏度的温度。

温血动物靠发抖和运动来维持体温。它们也会增加呼吸频率和血液流量，这样做能使组织得到更多的氧气和养分，以便制造更多热量。不用说，没有热量我们就完蛋了。我们的血液中流的是热量，我们制造的是热量，我们根本就等于热量。

喜林芋也需要氧气和养分来制造热量，不过它们不会发抖。它们靠的是肉穗花序小花上的一个个小孔，这些小孔能够起到扩散作用，吸收氧气。养分则是来自无生殖能力的雄性小花里面的脂肪球。这些脂肪球长得极像哺乳类动物身上一种专门制造热量的组织——棕色脂肪。

至于裂叶喜林芋，哪怕外面只有十摄氏度，它也能保持四十六摄氏度的体温，此时它产生的热量和一只睡眠中的家猫所产生的热量相当。动物学家罗杰·西摩喜欢把这种花比喻为“长在枝头上的猫”。

西摩对裂叶喜林芋产生兴趣始于一次晚宴，当时有人给了他一束剪下来的裂叶喜林芋。他很惊奇地发现花竟然是温的。他觉得自己搞不好拿到了一只被施以魔法的动物——一只被变成植物的动物，一只中了咒语的猫。

你可以说他已经迷恋上了裂叶喜林芋。

喜林芋隶属于天南星科，同科其他植物中，有的也能产生热量。例如斑叶阿诺母，它的肉穗花序共分为四部分（佛焰苞裹覆在外）：一串雌性花、一串形如刚毛的不育花、一串雄性花，最上面又是一串刚毛。花序的其他部分，也被称作尾部构造，是露在佛焰苞外面的，会在下午的时段产生热量和气味。有些生物学家把这个尾部构造视作香味的载体，或称发香团。

斑叶阿诺母的肉穗花序顶端长着刚毛，功能有如筛子，能把丝光绿蝇等体形较大的昆虫挡在外面；而被引诱来到花序的成千上万只小蠓虫，却很容易从刚毛间直直掉入花室。花室内壁结了一粒粒小小的脂肪球，其光滑的表面和最外面的刚毛把小虫留在雌花里，小虫可以在那里吸食蜜水。

隔日，雄花开，洒落一阵黄金雨。沾了一身黏液的蠓虫也沾上了花粉。刚毛枯萎了，蠓虫终得逃脱，但又将被另一朵正开放的花吸引，再度掉进刚毛之间的缝隙，再次为有生殖力的雌花授粉。

伏都百合是种热带植物，能加温到比外界温度高出将近十五摄氏度。第一天开花时，其温热的尾部会持续数小时散发出新鲜粪便的气味，吸引苍蝇和扫除虫。再过一阵子，在花室里面，肉穗花序的基部会再次加温，持续大约十二小时，所产生的热能足够使雌性小花附近的器官散发出味道。这些器官都富含淀粉，散发出来的香甜气味可以刺激昆虫交配，让它们留在花室内，直到雄花撒下花粉才走。

不同种的海芋类植物有不同的味道。有的让你想到苹果，有的却可能是尿液，还有的则能吸引埋葬虫，闻起来糟透了。西摩形容它们闻起来就像只死猫。

和海芋同属天南星科的臭菘，在二月和三月时，会有两个星期保持在十五到二十二摄氏度。它在植物书上出现时，总是伴随着融雪。这其实是个很不寻常的现象，因为甲虫、苍蝇等传粉者在早春时节还不太活跃。因此，这种加热机制或许是种“进化延迟”，是臭菘祖先遗留下来的习惯。又或许，解开这个谜题需要更多植物学家在雪中围坐，看守着臭菘，好像爱上了它一般。

植物的体温调节现象并不局限于某一科植物，像荷花就独立演化出了这种机制，它可以达到比周围高出四五摄氏度的温度。埃及人相信荷花是地球上第一个出现的生物，它的花瓣展开时，可以看到至高无上的上帝。

某些棕榈科植物的花序，还有某些苏铁（某种像棕榈也像蕨类的植物）的雄球果也会产生微量的热能。

匪夷所思，至少西摩是惊呆了。“裂叶喜林芋产生的热量，比一只飞行中的鸟还多！”他曾说道，“而它控制体温的严格程度更甚于有些哺乳类动物！”

我们不会只是惊讶，我们会赞叹不已。

花跟爱到底有什么关系？

古希腊人相信两者有关联，于是写下了我们今天读到的故事。

那位身处巴西、坐在步道上的女人也这么认为。她觉得自己很幸运，她的爱可以摸得到。花炽烈燃烧着的，是情欲。

第七章

鬼把戏

因为植物不会动，我们就以为它们比动物善良，这真是天大的误会。

在新墨西哥州西南部，也就是我住的地方，乳白色花朵的丝兰会在夏日雨季吐出花蕾。顷刻间冒出一大片花，花高约四十厘米，好像沙漠中的蜡烛。一夜之间，矮树充斥的荒野，变成一个犹太教的烛台。

多数种类的丝兰是没有气味的，不过很多花朵的子房底部会分泌一点花蜜。花蜜是远古遗留下来的产物，当时的丝兰和丝兰蛾尚未完成共同演化。如今，尽管丝兰只有丝兰蛾这一个传粉者，而且苦行的丝兰蛾在成年后完全不吃不喝，但花蜜仍然保留下来了。

破茧而出飞离地面后，丝兰蛾在丝兰苍白、蜡质的花朵里完成交配。不同种的丝兰蛾会有差异，但一般的做法是由已受精的母蛾爬上花的雄蕊，把头朝着花药的顶端弯下，然后把卷起的舌头展开以保持平稳；接着用构造特殊的口器把花粉刮干净，紧紧夹在前脚间。它最多能从四根雄蕊上收集到花粉。

然后，丝兰蛾飞往另一朵丝兰。它在雄蕊间钻来钻去，刺穿子房，在那儿产颗卵；接着沿管状的柱头向上爬，把带来的花粉一路滚下花柱，好为花授粉，这时它很可能会产下另一颗卵。每产下一颗卵，它就又回头往上走。就这样上下来回，为柱头授粉，产卵，然后再授粉。

丝兰是自交不亲和的。丝兰蛾把一朵花的花粉传给另一朵花，促成丝兰的异体受精。与其他被动授粉者不同，它是很罕见的主动授粉者，会主动把花粉推进柱头中。

这样做也保障了丝兰蛾幼虫的食物来源。没有受精的花很快就

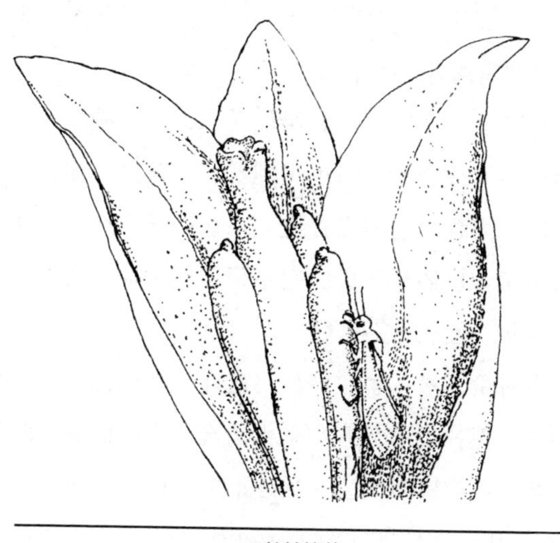

●丝兰的花

会凋落；已受精的花的胚珠会变成种子。丝兰蛾的幼虫在子房里孵化，吃掉了百分之十五的种子，养肥后，幼虫在果壁上咬一个洞，跳到地面上结茧，然后又在茧里待上一两年，甚至三年才出来。剩下的种子仍然足以让这株丝兰继续繁殖。

这些听起来就像《伊索寓言》，主人公总是好得不可思议。我们常常就是这样看待传粉者和花之间的关系——两者互利共生。例如蝴蝶吸食忍冬，并以代为传粉来交换，两个物种渐渐演化出相互依存的关系。

不过大部分认定的互利共生关系都太一概而论了。事实上，传粉者会造访很多种花，而植物会仰赖多种传粉者，像丝兰和丝兰蛾这样一对一的关系倒是比较少见。

达尔文曾写道：“自然选择不可能让一个物种特别为了另一物种的利益而改变自己，不过自然界的物种的确会利用其他物种的构造，持续让自己受惠。”

就丝兰来说，自然选择形成了无懈可击的同伙关系，堪称合作的典范。

这真有点像是寓言故事了。

其他物种也是一样，擅长利用他人。跟丝兰蛾有近亲关系的伪丝兰蛾，尽管不运载花粉，却也飞到丝兰的花里产卵，并让孵出的幼虫以丝兰种子为食。它不只在没人造访的花里产卵，在已受精且正在发育的子房中也照样产卵。它不但不能为植物授粉，还会在果实里孵化出幼虫，吃掉过多种子。

丝兰也有对策。被太多虫卵侵占的花，在长出种子、结出果实之前就会凋谢；植物也会放弃那些没有充分授粉的花。结果是，想钻漏洞的伪丝兰蛾的繁殖机会，远远不如按规矩来的丝兰蛾。

植物学家用西班牙文“*aprovechado*”（意为“占便宜者”）来形容那些从互利共生关系中得到好处，却完全不予以回报的生物。所有的合伙传粉关系，碰到像“*aprovechado*”这种机会主义者，就变得不堪一击。

另一方面，正牌的传粉者也可能会变成“*aprovechado*”。蜜蜂有时不会从花的前方碰触满载花粉的花药，反而是从背面靠近，把舌头偷偷插入萼片和花瓣之间，盗取花蜜。照植物学家“犯罪”的行话来说，这样的偷窃行为就叫作“底下的那条舌头”。

碰到那些花冠已经并合成管状的花时，要偷花蜜的昆虫不得已，只好硬咬开纤维。舌头短的熊蜂，就因为会用上颚刺破柳穿鱼、洋水仙和耧斗菜的花冠而臭名昭著。比起偷窃，闯入后抢劫花蜜的更是张狂，它们还会伤害到花；有了这个破洞，之后的小偷就可以肆无忌惮地盗取花蜜。

这可不是一个凭良心的世界，窗户得闩上，门必须锁起来。花尽可能地保护自己：有些有着皮革般坚硬、难以穿透的花萼；有些在基部长着坚实的层层叠叠的叶片或苞片，使小偷知难而退；还有一些，拥有排列紧密的花序。

丝兰和丝兰蛾已经演化为高度的互惠关系，因此对“*aprovechado*”无力招架。它们也因唇齿相依而尝到苦头，非得要其中一个物种顺利繁殖，另外一个才能顺利繁殖。沙漠里的农夫为驱走破坏农作物的害虫而喷洒农药时，也把丝兰蛾杀死了，于是丝兰失去了传粉者。

丝兰已经全开，正如雕像般静立着，等候访客的到来。尽管它的光彩足以照亮地平线，可就是没有人来。

这是植物版的莎士比亚。

除了异体受精外，有几种丝兰会采取营养繁殖，默默复制自身基因。这是个退而求其次的选择，像是秘密账户，也像个即使是情人也无法想象的秘密（一件你不知为何就是忘了告诉他的事）。

因为植物不会动，我们就以为它们比动物善良，这真是天大的误会。正如一位研究者所写的，“存心欺骗的传粉者似乎比行骗的植物少”。

很多花都有过分夸大自己长处的坏习惯。它们的雄蕊上长有浓密的毛，或是带了一抹亮黄色，使雄蕊的花粉看起来比实际上多；要不然就是把细小的花药顶在引人注目、看起来像是花药的粗大花丝上；有些花则会把花药不育的部分弄得胀鼓鼓的，制造富含营养的假象。

花朵搞的那套方式，只能被称为“猛烈的性爱”。有种兰花，只要轻碰花的任意部位，就会让承载花粉块的茎像弹簧般啪的一声弹射出去，连着一盘黏黏的花粉，砸向那些停在花上、还搞不清楚状况的蜜蜂。有时蜜蜂就这样被撞下了花朵。如果有人恶作剧，用笔尖戳一戳，花粉块就会飞行将近一米的距离。其他的花会用差不多的方法，把花粉或扔，或掷，或扑，弄到昆虫身上。

花粉弹射的力道很大，但落点不见得理想。例如有种兰花会把花粉块（包括唇盘及茎）喷到天蛾的眼睛里。尽管花粉传送到了另一朵兰花，较大的茎还是黏附在原处，就像眼球里插了曲棍球棒一样。有时可以在某些传粉者（如鸟和天蛾）的舌头上，发现不同来源的花粉块。达尔文曾推论，这些动物很快就会因无法进食而死。尽管如此，它们已经先替一些花完成了传粉。

即使最“善良”的花也会要狠。以马利筋来说，它的花粉会牢牢黏住来访的蜜蜂，有时蜜蜂为了挣脱，被缠住的脚就会被活生生扯下来。

不计其数的花，非但对昆虫一点好处也没有，反而还是个祸患。将近三分之一的兰花是靠招摇撞骗混日子。有些擅长拟交配，有些看似安全的繁衍之处；很多闻起来像有食物奖赏，但实际上有的只是令人眼花缭乱的滑梯、迷径、旋转门、密室，还有出口，这些全是大费周章搞出来的。

深受各地园艺人士喜爱的兰花，有着地地道道嘉年华游乐园的氛围。

花散发出某些动物喜欢的恶臭，一只苍蝇被吸引过来，停在如舌的唇瓣上，却不由自主往后弹落，被两只柔韧的“手臂”紧紧环抱。接下来发生的有点像《007》电影里的情节：唇瓣会在绞紧的同时保持平稳，应付昆虫的重量；“两臂”迫使苍蝇挣扎、甩落腹部残留的花粉块。最后，苍蝇就像詹姆斯·邦德般溜之大吉。

欧洲兜兰的果香和艳丽的黄色，会引诱蜂类通过入口，进入唇瓣部分。大型蜂类通常可以逃脱（虽然也有一些就此被困死），但小型蜂类就逃不了，只能一直在光滑且下倾的表面打滑。振翅乱撞一阵后，它发现由唇瓣底部的空隙隐隐透出光亮，指引出一条通向花后方的路。昆虫经柱头、雄蕊，一路挣扎而出，遗落所有携带的花粉，而新的花粉已被抹到它的腹部。

兜兰的计划并不是万无一失。有些昆虫还没装备好就跑掉了，还有些有经验的昆虫会避开这朵花。不过，花很明智，它会长出根状茎。这些长在地下的茎会在远处生根，复制出新的无性生殖植株。

还有一种用香水奖赏长舌蜂的兰花，会垂下娇艳动人的花，散发出诱人的香气。唇瓣的一部分会形成桶状，里面装满花分泌出的汁液。由于唇瓣的底部很滑，来访蜜蜂站不稳脚跟，就掉进这小小的泳池中。逃逸的路线同样是一条通过兰花的柱头和花药的秘道，蜂只得在秘道里耗上半小时之久，这段时间里，花粉块就黏附到了它的腹部。

有些花甚至懒得提供逃生出口。如果小虫在某种海芋的雌性阶段造访，花正等着花粉到来，小虫就有可能会丧命于花室底部。不过如果小虫带着的恰好是其他海芋的花粉，它们就不会白白牺牲，因为花已因此而完成受精。小虫若在花的雄性阶段来访，花正释放出花粉，它会看到出口是大开的，可以自由通行，而且顺便可以好好抹上一层花粉。

一般的三叶天南星花有两性，分别长在不同的植株上。受新鲜真菌气味的吸引，蚋会飞进花里，然后跌入花室。跌进雄花的蚋比较幸运，它们有机会逃出去，但倒霉一点的就会撞上雌花。

丑恶的一幕在某种巨大、气味香甜的睡莲上上演。处于雄性阶段时，这种睡莲会为食蚜虻、蜂和甲虫供应盖满花粉的雄蕊作为食物。三四天之中，每天早晨，花都会打开，供应一份不论规模还是享乐程度都是罗马式的飨宴，也带给人类喜悦。很多花因美丽而闻名，但这种花似乎只属于古代传说中的神佛的层次。

处于雌性阶段时，同一株睡莲还是会开花，但看起来已大不相同。这一阶段的雄蕊没有花粉，绕着花中心的一池汁液围成一圈，池底则是扁而圆的柱头。

背景音乐已然改变。

我们都知道其中的意味，想警告小小的食蚜虻：“千万别站上那雄蕊！”

然而，食蚜虻浑然不觉，跌跌撞撞站上了已变得平滑的雄蕊表面——于是这家伙就这样滑下了池子。

落难者拼命挣扎，然而高耸的雄蕊没办法落脚。它的汁液里含有一种湿润剂，会拉扯这种世上重量最轻的昆虫。食蚜虻沉入液体中淹死了，它身上的花粉被冲走，渐渐积聚在有着血海深仇的柱头上。

有时，连看到吃腐肉的昆虫试图在貌似腐肉的花上产卵，我都不禁恻然。昆虫显然是希望幼虫的粮食丰盈，才选择在这样的地方繁殖。它们以为自己的选择是正确的。

蕈蚋的境遇同样辛酸。它们带着一身花粉，安心地飞离假冒真菌的花，然而作为子代的卵在孵化成幼虫后会饿死。有些花甚至想速战速决，比如，短尾细辛这种花的组织就含有剧毒。

植物和传粉者的互利共生不像婚姻关系，反而比较像军事竞赛。为了得到更多食物、产更多卵，传粉者想出新招数，植物也有反制措施。一边制造出导弹，另一边就发展出反导弹系统，外加一枚更大的炸弹。

占上风的那一方将威胁到双方赖以维持的系统。所以，睡莲不能杀死太多食蚜虻，三叶天南星不能杀死太多蚋。矫伪成性的兰花不能做得太绝，不然它的传粉者会饿死。相对地，熊蜂、蛾类和蜜蜂最好也不要太厚颜无耻地盗取花蜜，以至于到最后没有帮一朵花传粉。

导弹、防御工事、高射炮……如果你想到很多动物不只是吸吸花蜜或采采花粉，还会吃掉植物本身，这些景象就会马上浮现在脑海里。植物和昆虫始终处于交战状态。事实上，传粉系统也许就是在这种力量的消长下演化而来的——白吃白喝的甲虫，出于某种原因变成了传粉的甲虫。

当然，如果花最后没有办法吸收、躲开或智胜敌人，可能只会摧毁。

行军虫以雏菊为食。雏菊防卫的方法，是制造一种在黑暗下呈微弱毒性、在紫外光下则有剧毒的化学物质。虫吃下植物后，该物质会经由它的循环系统到达表皮。然后在晴朗的春日，太阳暖暖地晒着，昆虫先是发出日光灯般的光芒，然后就蜷成一团，全身发黑。

一种叫“卷叶蛾”的毛毛虫则有自保的方法。它用雏菊的花瓣把自己包裹起来，然后用丝密封。这样，在远离阳光的阴影中，卷叶蛾就可以准备大快朵颐了。

有些植物甚至会跟敌方结盟。叶螨吃利马豆时，后者会释放出数种挥发物，这些化学物质会引来另一种肉食性的叶螨，把之前的访客吃掉。

经由结盟，不相干的物种成了亲密的战友。

蚂蚁喜欢偷取花蜜，但是大部分的蚂蚁带有一种天然杀菌剂，会杀死花粉里的精子——显然蚂蚁并非好心的传粉者。针对这点，植物有时会在地面和花之间竖立路障，在茎的上方布置一块具有黏性的区域，或在茎的四周围起一圈液体，让蚂蚁这类昆虫爬不上来。

植物也会在远离花的地方，设置花蜜作为诱饵。某些开花植物以提供这些花蜜当作交换条件，要一群会叮咬的蚂蚁充作卫队，帮花儿抵挡会产卵的昆虫或会刺破花冠的熊蜂；另一方面，花也得用化学方法，避免蚂蚁卫队伤到自己。说到底，这些蚂蚁还是小偷，得跟它们保持安全距离。

以上是另一个互利共生的寓言，或者说是另一件讹诈的罪行。

我们不难看出其中的奥秘及其所包含的寓意。我们是人类，故事和寓意已融入我们的生活，就像香味已融入了熊蜂的生活。

十八世纪时，互利共生是个寓言，阐释了上帝创造的完美和谐。在大自然神圣的平衡中，每个物种扮演的角色是不会改变的。自然的各个部分和谐共生，互相帮助，正如人类社会里各部门一起工作，从农夫到皇帝，人人各司其职。

科学常反映人世，而我们常常指望社会反映出我们所了解的大自然。十九世纪，工业革命和资本主义的新观念，强调竞争对经济的重要性，于是紧接着出现了社会主义和共产主义。今天的我们仍然在这两端之间摆动，政界如此，植物界亦然。

合作是自然界最基本的组成原则。

竞争也是自然界最基本的组成原则。

二十世纪七十年代的环保运动中，生物学家倾向于前一个原则。现在他们已经转为后者。

一位信奉“竞争”的科学家，不久前曾写道：

> 植物和担任传粉者的动物互利共生，都因对方的存在而受惠。然而这样的互利共生既非对等，也非互助。事实上，传粉是由完全敌对的关系逐渐衍生而来的。植物和动物始终各有各的目标，立场鲜明，通常一个是繁殖，另一个是觅食，彼此互不相干。在这样的前提下，只可能有利益冲突，不会有所谓的合作。

水手寻找陆地，科学家寻找组成的规则。物理学家称之为“大统一理论”。每个人都想找出这样一个理论，每个人都想知道贯穿所有生命奥秘的规律。

发现美丽寓于实用，我大感意外。

发现美丽暗藏杀机，真是晴天霹雳。

第八章

光阴

有些植物不会死，但花期很短，像放一场烟火。它们是群浪子，造型炫目，随时准备舞到不支后落地。

我们迫切想了解时间是怎么一回事。过去怎么会过去呢？

它是上哪儿去了？

我们总是对时间持怀疑态度。当你八岁时，它像是在抄捷径前进；当你滑下山坡时，它又是那么慢。我们知道这是自己的错，毕竟这只是一种感觉，没什么道理可讲。时间是客观的，我们不是。时钟始终嘀嗒嘀嗒响着。

光阴不待人。

后来，有个物理学家告诉我们，时间并不独立于空间存在。时空受质能分布的影响，是弯曲、有弧度的。时间在靠近像地球质量这么大的物体时，走得比较慢。把一个很准的时钟放在塔底，再把一个放在塔顶，两者会稍有差异：底下的那个慢一点点。

拿一对双胞胎做试验，让一个住在海拔较低的智利首都圣地亚哥，另一个住在秘鲁的高山上。住在秘鲁的那个会老得比较快。若让其中一个乘接近光速的时光机去旅行，情况就变得更复杂了，因为当他返回时，会比待在原处的那个年轻。

时间是可以操弄的。

我参加了一个“晚餐联谊会”，这聚会已有十五年的历史，在我们的文化来说算是很长了。五对夫妻每八周聚会一次，每家各带一盘指定国家的美食，可能是中国菜、意大利菜，或是希腊菜。大家坐在一起，享用取之不尽的美味。没有小孩在旁，有的是桌布与美酒。有时我们会在瓶里插枝玫瑰。

参加的夫妻时有异动。十五年间，有些人退出了聚会，有些搬了家，有些离了婚。很多人只有聚会时才碰面。因此能持续参与活动非常重要。

某晚，上甜点之前，一对夫妻接到电话，随即宣布他们得走了，因为他们种的仙人柱开花了。为此离开一群好朋友大费周章安排的聚会，实在不是很好的理由。我们没把恼怒写在脸上，但把这件事记下了，留作以后参考。

仙人柱体形瘦长，颜色灰扑扑的，通常在豆科灌木或石炭酸灌木之类的灌木植物下方生长。其茎的直径最小只有一厘米左右，却能长到近两米高，整个就像根长满刺的树枝，模样不怎么讨人喜欢。植物学家以挖苦它为乐，称它为丑小鸭，说它那干枯且状似拥抱的枝干具有“令人无法抗拒的魅力”。

然后，他们背过身去，忍住了笑。当他们再次转回来时，却乐昏了。他们用手势说着：开花的仙人柱已是只天鹅了！

它的美永远来得出其不意，它的美永远只存在于童话故事。

仙人柱的白色大花会在晚上绽放，形如多瓣的星星，质感如丝，散发一股麝香般的甜香。这颗星星如手掌般大小，黑暗中似乎还会闪闪发光。有人第一次看到这种花时，还以为是其他人在沙漠中点亮了手电筒后，随便把它们丢在灌木丛中就离开了，任电池这样浪费。还有个女人则以为自己见到了鬼。

仙人柱的西班牙名为“*la reina de la noche*”，意为“黑夜王后”。在几小时之内，一朵朵的花都瞬间绽放。

我从没见过仙人柱开花的样子。

那位在聚会时离席的朋友告诉我，这种植物让她想到延时摄影，因为花朵开放的过程可以清楚看到，而且过程就像贵族走下长毯一般优雅而专注。我第二天跟她丈夫问到这件事时，他在一句话里用了三次“神奇”这个词。有次我在银城街上跟他们十几岁的儿子聊起时，他也表示同意：“对呀！”

我的这位朋友是历史学家，银城市立博物馆的负责人。她告诉我，在十九世纪七十年代，这座小小矿城里的居民有举行仙人柱宴的习俗。有人家里种的仙人柱开花时，会把这个好消息散播出去，同时准备茶点招待那些前来参观的人。有时这消息还会登上地方报纸：“临时开宴，众人同庆。”

但现在，我朋友觉得很感伤，她的丈夫和儿子都不再把仙人柱开花当作什么了不起的事了。“快来看哪！”她呼唤着，但他们已经看过了，不打算再看。“不错嘛！”她儿子施舍似的丢了一句。她已经改找朋友一起欣赏了。

我说，找我吧！

仙人柱的花是朝生暮死的，大部分的花都是。它们的生命很短暂。

不少花就像“黑夜王后”，只有一天，甚至一个晚上的时间可活。在这几小时中，仙人柱丝缎般的花必须想尽办法吸引传粉者——像是白条天蛾这样的夜行性昆虫——来喝它的花蜜。

“黑夜王后”无法自体受精，也不喜群居。沙漠中炎热、干燥，生存条件严苛，二十平方千米的土地上可能只长了五到十株，而且这些仙人柱还要承受阳光、风和牛群的考验。

王后的补救措施是把自己发挥到极致。她的香气浓郁，美得像个传奇。

她只有今晚。

好吧，也不尽然。这要解释一下：仙人柱只有几朵花，每朵花只会开一晚，视空气湿度而定，整个花季可能仅有四夜，但仙人掌本身可以活到七十五岁。瘦长、多刺的树枝会继续开花，一夏复一夏地等待着合意的白条天蛾来访。

●仙人柱

童话里的王后将会睡上几年。这段时间里，王国衰亡了，王子正穿过石楠密布的树林，一路披荆斩棘而来。

这让人想到我们自己能分得的时间。

无性繁殖的石炭酸灌木，寿命可达一万两千年，红杉见过西班牙传教士。人类、鹦鹉和仙人柱可以活到《圣经》记载的七十岁，黑熊有三十年可以吃吃喝喝。狗可以陪伴你十五年，老鼠却很少能过它的两岁生日，许多昆虫撑不到一个月。毋庸置疑，无论是长寿的乌龟还是短命的蛾，年岁的分配自有它的道理。

就植物的眼光来看，与投入的精力相比，花的生命显得太短暂。想想那些香味、色彩和在风中摇摆的姿态。维持美丽的代价高昂，生殖所需的材料也很脆弱，必须时时保护。

某些气候条件下，植物还要考虑到天气：冬天要来了；要下雨了；变热了，我口渴；我的花瓣都掉光啦；我快冷死了；我要被吹走了……

受精也许迟早都要进行，不过还是越快越好。

花只能维持短暂的时间，植株却能活很久。晨光中，花朵开放然后凋谢，隔日又有一朵花取而代之。睡莲会不断开花，直到池水干涸，然而每朵大手笔的花却只有一两天的寿命。

有些开花植物本身寿命就很短。许多一年生的野花必须在几周内发芽、成熟、开花、结籽，然后就得死去。它们常常都是自体受精。

有些花也会令人意想不到地长寿，例如木兰花可以活十二天。兰花是最长寿的花类之一，如果养在温室里，一株来自亚洲的兰花，可以在九个月的时间里保持生机盎然。

寿命长的花通常看起来较为结实。它们有层保湿的外壳，因此花瓣偏厚，有蜡质触感。叶脉富含纤维，能够形成内在骨架，维持花的形状不变。

靠有尖喙的鸟类或有锋利口器的甲虫来传粉的花，必须强化修补再生的能力，因此寿命也连带变长了。只有单一传粉者的花必须开放足够长的时间，才能吸引传粉者的注意。卖弄骗术的花必须有足够时间，招揽无知的访客上钩。坚守自体不亲和的花，则需要更长的时间才能等到异体受精。

“龙舌兰”也叫“世纪花”（century plant），跟仙人柱长在同一片沙漠中。它在生命的头五年、十年，甚至五十年里是不开花的，全视品种而定。然后，就在你已经放弃的时候，有尖刺的基部丛生叶中伸出了花梗，看起来就像是根巨大的芦笋。花梗每天可以长三十厘米，然后分枝从其顶端水平延伸，花苞膨起，一簇簇黄色管状花在夜里绽放了。花朵高悬有如棒球场的照明灯，散发出像是麝香和腐肉混合起来的强烈气味。龙舌兰用照明枪向迁徙中的蝙蝠、蜂鸟，还有其他传粉者发射，吸引它们俯冲而下，取食，然后再飞走。

同时，基部丛生叶就此枯竭而死，贮存的所有食物水分都供养了花梗及花。龙舌兰活不了一世纪。花开了，它就死去。花只开一回，赌上一切，丢一次骰子。

其他种类的植物也在开花后逐渐死去。商业栽培的一年生花，如金盏花和百日菊，最后会让所有长叶的茎都变为花梗，毫不保留，于是再也不能生出维系植物生存的叶子。许多野花则会借由鳞茎、块茎或根状茎的形式，在地下保留一部分的茎。这些植物跟百日菊不同，第二年春天，同株植物还会在原处生长。

有些植物不会死，但花期很短，像放一场烟火。它们是群浪子，造型炫目，随时准备舞到不支后落地。

像牵牛花这类的植物就谨慎多了。它们的花期很长，该开多久都是小心计算好的：好了，好了……这样就够了。先停下，明天再来。这招对于附近寿命长、记忆又好的传粉者很管用。

八千年前，美国西南部的居民就开始大片栽植龙舌兰，采收花心和幼嫩的花梗，一直延续至今。龙舌兰是我们最早种植的作物之一，它的叶子富含纤维，根可以做肥皂。今天的考古学家，仍然可以发现许多以石头分隔的栽培场。

如今它仍是作物。开花前，正当它的体内储存了大量的糖分和养分，准备进入第一次也是最后一次重要的成熟阶段时，就可以收割龙舌兰的心。经烘烤再加以搅拌后，浆汁会发酵成酒。我们喝的龙舌兰来自商业农场，但在美国和墨西哥，每年有超过一百万株野生龙舌兰被切开，制作成私酒“麦斯卡尔”。

我们推了推眼镜，瞧向日掷斗金的浪子。

物理学家认为人在微醺的时候，对时间的感觉也会改变。两杯下肚，朋友在旁时，你注视着一朵花（比如一朵狡黠的玫瑰），看它变化得多快啊，几乎跟光速一样。你会发现它是如此巨大，如此接近死亡。你会知道它是怎样让黑暗的空间弯折，让时间转动。

时间是可以操弄的。时光在我们看一朵花时放慢了脚步。也许这样做，可以让我们慢些老去。

是值得开场宴会。把消息传出去，临时开宴！

第九章
旅人

干燥轻盈的花粉，天生就适合飞行，它们本当被抛入风中，吹到六千米的高空，或被带到五万米以外。

花粉的脚痒了。有任务在身，它踏上漫长孤寂的高速公路。得走了，朝荣耀迈进。你留不住的。上路吧，兄弟。花粉是个旅人。

榛树叹口气，呼出了花粉。春天刚转暖时，榛树的雄性柔荑花序像绵羊尾巴一样垂下，上面扎着一双双小花。风一吹，花序像小绒球似的摆动。一阵黄色的云雾渲染了整个天空。

一阵来自雄性花序的细密黄色烟尘。

其他的柔荑花序上开着榛树的雌性花，其深红色的尖端通常深藏不露。它们受过良好的教养，心高气傲，凡是从亲代树来的花粉一概拒绝。

黄云飘移，洒下花粉雨。

在一个本来很乏味的研究报告里，我发现这样一个句子，让我有了想把它写成诗的冲动。诗的开头是这样的：

在产地上方
亲代树降下一层
薄薄的
独家的
自己

榛树上光是一个花序就包含了四百万颗花粉粒，而整棵树可以长出几千个花序。干燥轻盈的花粉，天生就适合飞行，它们本当被抛入风中，吹到六千米的高空，或被带到五万米以外。这是个疯狂的旅程，目的地很不确定。大多数的花粉会掉回地面，被阳光烤干、在池塘里淹死，要不就是沾上了不该沾的植物。

少数花粉则会在人鼻子里的黏膜上膨胀爆裂，引发免疫系统的抵抗：救命啊！救命啊！有不明物体闯入！再来点液体，这里需要更多液体！

结果是鼻涕和眼泪泉涌而出。

花粉雨洒了满地，每一粒都肩负重任。

榛树在这里算了一下：四百万粒花粉，乘以几千个花序——花粉掉落在合适柱头上的机会增加了。

世界上大多数植物都仰赖特定的动物媒介传粉。不过以生物量，即陆地上生物（此处指植物）的总量而言，大部分的植物是把花粉散播到空气中。不论是森林中的优势树种松树、其他针叶树，还是莎草、蔺草，或其他禾草类植物，风媒都是它们最有效率的选择。即便是成群的昆虫也没法胜任这样的工作，而在盐泽、沙漠等昆虫和鸟类稀少的地方，花也仰赖风力传粉。

花会尽其所能判断出何时、用什么方法释放出花粉。为了避开暴风雨，风媒植物通常在早春和秋季气候较温和时开花。同样的道理，禾草类植物的花会在清晨或黄昏时开放，此时热能形成的乱流不会把花粉刮到另一个州去。在死寂的宁静中，禾草类植物的花把花粉封在花药匙形的下端，以防花粉释出。

当天气清爽，太阳暖得恰到好处，会找麻烦的昆虫还没出来或已经走掉——总之，是当天气最宜人的时候，我们就会被雄性生殖细胞的“辐射尘”包围。

花粉粒的体积都很小，但程度各异。勿忘我花粉粒的直径是三微米（一微米等于千分之一毫米），南瓜花的花粉粒比它大上八十倍，可以用肉眼看到。大部分植物的花粉粒大约是三十微米。

每颗花粉粒都包在一层坚硬且造型迥异的外壳里，有长刺的、长瘤的、球形的、呈弧状或角状隆起的。每类植物都有专属的花粉形态，有时单种植物就有自己独特的形态。靠风传粉的植物通常较为平滑，从空气动力学的角度而言更能有效传送。表壳最复杂的，有着吓人的凸起和棘刺，有如中世纪武士头盔上的戟。这种形态的花粉粒通常出现在虫媒花上，以便能轻松附着在虫腹上。

那些仰赖动物媒介的花的花粉，通常只是一团或一袋更细的花粉粒，被有黏性的黏结剂固定在一起，其黏性可以使它很容易地附着在鸟嘴或甲虫壳上。这种黏黏的油是花粉粒制造的，含有色素，能使花粉呈现出黄、橙、绿、蓝、黑、棕等色彩，吸引传粉者的注意。它还能产生香味，能防水，并保护花粉不受紫外线的侵害。

花粉离开花药的方式有很多种。通常，花药会逐渐变干，沿着接缝裂开。干燥的过程可能很平静，也可能很剧烈，以致雄蕊抽搐并蜷曲成一团。这时只要轻轻一碰，某些兰花就会机关枪似的发射花粉：砰！砰！砰！

花常常会保护花粉。有些花药在环境太冷或太湿时，会再度合上；有些花的花药锥只允许里面的花粉从花药顶端的小孔释出，这样也能使花药在合适的传粉者到来前保持干燥。蜂只停在花药上，用能让花粉释出的频率振动腹部肌肉；如果振动的方法不对，要么就是得不到花粉，要么就是只能得到一点点。蜜蜂似乎振动得不得要领，只会徒劳无功地动作，例如试着把舌头伸进花药的孔中。熊蜂则能比较熟练地请出花粉。全世界大约有百分之八的花，包括番茄、马铃薯、蓝莓、蔓越莓等，需要熊蜂来到窗前，深情款款地高

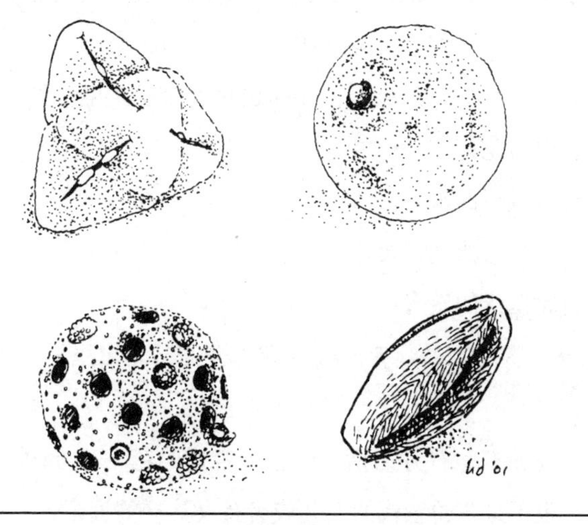

●花粉粒

歌，打动花粉现身。

许多昆虫的身体就是专门为获取、食用以及运送花粉而设计的。绝大多数种类的蜂为了胜任传粉员的工作，会重新打造自己的身体。工蜂的后足就像一把瑞士军刀，包括了花粉篮（一块长满毛的下凹区域，可以防止花粉掉出）、花粉耙（一排直立的刚毛）、花粉压模（一块扁平的区域）和更多的花粉梳（一排排直立的毛）。花粉从前足经中足传到后足的过程中，这些部位就会通力合作，把花粉揉成花粉丸装好。

传粉者会拿出扒、刮、撬、抓、压的功夫取得并打包花粉，花粉自己也常会主动出击，有些花的花粉甚至能跳过与昆虫间的鸿沟。欲望的原动力来自静电。

植物有自己的静电场，在晴朗干燥的天气里静电场最强。花有如植物的电极末端，电压最高，特别是其干燥部分通常都带负电。

刚离巢的蜂通常也带微弱的负电。不过飞行造成的摩擦会赶跑电子，使蜜蜂改带正电。当觅食中的蜜蜂接近带负电的干燥花药时，花粉粒就会蹦出，附着在昆虫身上。

于是，身为蜂只的乘客，花粉也跟着带了正电，可以再次蹦出，跳上带负电的花药。

像将要抵岸的水手。

像即将降落的飞行员。

像行路困乏的旅者。

又冷又迷茫的远行者，敲了敲村舍的门。窗里有光透出，有家的味道。

如果花粉粒运气好的话，会遇上合适的花——同种，但不在同个花序，也不是花粉亲代的女儿或者孙女这样的近亲。

无论表面是光滑还是有刻痕，任何花粉的外壳都有开口，能让花粉粒在离开花药时释出水分，减轻重量。花粉粒到达另一朵花的柱头上时，同样的开口则能为它们补充水分。

某些雏菊的柱头是干的。柱头外面的细胞先是“读出”来访花粉的身份，认证通过后才会分泌出它需要的液体。

许多花接收花粉的柱头本来就是湿的，花粉粒可以轻易附着其上，并吸收表面的糖水。随即花粉粒裂开、鼓胀，吐出一根花粉管。有时候，花粉管是用“钻”的方式通过花柱纤维；有时候，花柱已经有一条空的通道，或是像果冻般容易穿越的区域。

花粉如果来自可亲和的花，就会畅通无阻。要是来自不亲和的花，通常都会走错方向、爆裂，或是停止生长。

以秋水仙为例，花粉管会在受粉后的十二小时抵达胚珠。有些花的花粉则是六个小时就呼啸而至。胚珠有孔可通，花粉管就从这里灌入两枚精子，一枚给胚乳，另一枚给卵细胞。

圆满的结局就是这样。以靠动物传粉的花来说，这就是“好”花粉粒受到的待遇。

“不好的”花粉粒当然就被吃掉了。

大部分的花粉都做好了随时牺牲的准备。

花粉是很多昆虫的正餐与甜点。在一只正准备采集花粉的昆虫眼里，花粉的营养标识很吸引人：百分之十六到百分之三十的蛋白质，百分之一到百分之十的脂肪，百分之一到百分之七的淀粉，无糖，含有多种维生素和矿物质。

花有时非常大方。每朵虞美人的花可以制造二百五十万颗花粉粒，让传粉者超载。而其中只有少数一些不会被吃掉，能顺利抵达另一朵虞美人。

其他花为了打动顾客，会制造出不育的伪花粉。伪花粉成本较低，但营养价值与真花粉相当。体形更小的雄蕊，带着那些具有生殖力的花粉，被安置在适当的位置，以便昆虫可以轻易触到。

对蜜蜂来说，花粉供给充足，又可轻易找到，但采集的过程很耗体力，绝非快餐。蜜蜂先用上摇、耙、压、塞的功夫，再飞回它的聚落。花粉必须在此经过化学处理才不会发芽，再经过贮存前的处理做成“蜜蜂面包”，供幼蜂和成蜂食用（用于制作蜂蜜的花粉又是另外的处理方式）。坚硬多刺的壳处理起来很麻烦，有时蜜蜂得花上三小时才能消化一团花粉。

一旦花粉落在柱头上，就会立即对水分和其他化学信号有所反应。如果没有这些信号，花粉的外层会非常稳定，是目前发现的抗性最强的有机物质，而这种天然聚合物的耐力可与工业生产的塑胶媲美。尽管花粉内在的活性只能维持片刻，花粉表面却能强力防腐、抗压，耐得住极端的温度条件。科学家曾在冰冻的猛犸象的胃里找到未消化的花粉粒，经过了三万年，花粉的外壁仍然存在。变成化石的花粉还能保存得更久。

考古学家自然会爱上花粉，古生物学家、气候学家、地质学家、法医科学家也是如此。

例如，从遗留下来的花粉粒判断，我们能够知道大约五万年前的尼安德特人是用整朵花来埋葬死者，包括古代的蓝风信子、黄橐吾、矢车菊，还有洋蓍草。知道他们这么爱花，会让我们更真切地感受到他们的存在。突然间，我们可以看到他们在哭泣，也能了解他们对来世的信仰。我们看到了文化。

一九九四年，一个埋葬了三十二具年轻人尸骨的集体坟墓在德国马格德堡被发现。遇害者要么是早春时节被盖世太保杀害的德国人，要么就是在一九五三年六月，因为拒绝镇压德国人叛变而遭苏联秘密警察杀害的苏联军人。科学家在其中七个头骨的鼻腔里发现了平车前、青柠以及黑麦的花粉，而这些花粉会在六月时漫天飞舞——遇害者是苏联人。

都灵裹尸布上也找到了花粉的痕迹。它是一片麻布，上面留有伤者的身体轮廓，不少人相信这就是用来包裹耶稣遗体的裹尸布。公元一五三八年起，该裹尸布就供奉在意大利的天主教堂内。后来，霸王属植物和风滚草的花粉证实了其原料来自以色列。

花粉还在路上。

传统的纳瓦霍人相信“花粉道”联结的是众神和人类。我们需要的就是这种和谐。

生命之屋中

我漫游在花粉道上

由神云伴随

去往神圣的地方

有神在前引路

有神在后跟随

生命之屋中

我漫游在花粉道上

我们都走在花粉道上。我们都呼吸着这种雄性的烟尘（可能有些人会因为它出现各种意想不到的身体反应，深受其苦）。

亲代树在栖息地下方撒下一层细密独特的自己。

每个角落里的花都要抓住那片降下的云。榛树的深红尖端躲起来，等待，然后接收。禾草类植物精细的柱头梳理着空气，虞美人设宴相迎。花粉粒兴高采烈地从蜜蜂身上跳下。

一半跟另一半合上了。

得走了，朝荣耀迈进。

第十章

一个屋檐下

花和科学有些相似之处。它们讲究的都是社会，是团体生活：合作、竞争、盗取、借用、剥削、结合。

幼株正在密切观察。

它的茎和叶中的感光细胞可以“看到”可见光谱内所有的光，从远红外线到紫外线都可以。植物知道现在是白天而非晚上，知道白昼在渐渐拉长。它侦测到天气很热，波长短且有杀伤力的紫外线很强。植物的两个基因开始运作，制造出一种无色的色素，就像一层能滤去有害光的防晒油。

幼株忙着往下生根。根部负责品尝、测试、搜寻营养物质，当遇到一块富于盐分或矿物质的区域时，贪婪的根就会急忙往那边生长支根，用以收集食物。地面上，植物也在品尝、测试，从空气和昆虫叮咬中收集化学物质。当植物感受到风频频撞击自己的茎时，它的反应是长出更多细胞，使纤维质地更加坚实。植物是很敏感的，即使是小小的电流都会让它感到刺痛。暴风雨将至，虽然风雨能促进生长，但准备功夫也是必不可少的。

最重要的问题还是没有解决：何时繁殖？在适当的激素信号出现时，嫩枝多叶的尖端就会停止长叶，改而长花。促使这些激素产生的因素往往不是光，而是黑夜持续的长度——这里所需的黑夜长度是通过植物的绿叶仔细算出来的。在早春或秋天开花的植物需要昼短夜长的周期，夏季开花的植物则需要昼长夜短的周期。有些植物还需要气温的催发，它们在秋天长出花苞，到春天才开花，中间要经过数个月的寒冷。有些开花植物，例如郁金香和风信子，则只凭气温决定要不要开花；有些植物靠雨来催花；有些靠的则是干燥。

幼株等待着激素的产生。当昼夜循环的周期完全吻合时，它就会出现。

在幼株个体短暂而甜蜜的一生中，它会受到其他植物的影响。大部分情况是来自其他植物的竞争，它们会吃掉幼株的食物，用它的水，吸收它的阳光。幼株必须快速做出反应。例如说，当它发觉吸收到的阳光不足时，它会长得快些、高些，并往高处长，以挣脱邻近植物的遮挡。如果是向日葵的话，它会释放出一种有毒的化合物，抑制隔壁月见草的生长。

幼株本身也是个竞争者。

令人惊讶的是，幼株在生长过程中，可能还会受益于其他的植物。不谈远的，光看现在，真菌就跟幼株建立起了联系，为它的根提供养分（真菌并非植物，但和植物关系密切，亦敌亦友）。而等到幼株开花时，位于同一区域的其他花可以帮忙吸引传粉者，或者驱走害虫。它们的花朵是很好的模仿对象，而且幼株也可以从它们那边借用或偷来些什么。

幼株生活在一个由植物形成的社会（community，生态学中的习惯说法为“群落”）里。人类对“社会”这个字眼有着强烈的共鸣，其间往往掺杂了些怀旧之情。我们本来有更多的社会，如今只能哀悼社会的消失。

我们也许忘了这社会提供的不一定是支持。社会会对通奸者群起而攻之，对不合流俗者横加羞辱。对个体而言，社会的存在是福也是祸。

社会就像我们的邻居。（“他现在在做什么？”）

不同的花可以成为好邻居。

红色跃升花跟蓝色飞燕草长在一起时会分段开花，一种先开，另外一种再开。这样，昆虫可以觅食的时间就拉长了。有些昆虫恰好就需要这些多出来的时间来达到性成熟，以便繁殖下一代。于是花朵彼此合作，串联起开花的时间，为了自己的传粉大业，协力满足传粉媒介的需要。

花在一天中的不同时间开放，这也让传粉者整天都有事做。不同的花以不同的奖品满足传粉者的各种需要，为蜂巢采集花粉的蜜蜂，可能也要来杯花蜜增添动力。

花会在空气中释放出香味或气味分子，跟传粉者沟通。植物也对非传粉者说话，不过通常是为了寻求帮助。

寄生蜂会刺穿毛毛虫的身体，将卵产在里面。幼虫逐渐长大后，就把宿主当作食物杀死。毛毛虫当然会躲避寄生蜂。在一大片多叶的植物丛中，寄生蜂怎么才能找到猎物呢？

当植物尝出毛毛虫的几种分泌物时，就会向空气中释放出化合物。寄生蜂认出这些化合物，就跟来了。快快快……植物说，我已经发现它了，它完全没发觉。就在这里，叶子下面！它正吃着这片叶子呢，最好快点过来。

二十世纪八十年代，研究者以柳树和枫树为例，证明一棵树受到害虫侵害后，周遭树木的抗虫害能力会变强。受损的树或许曾经发出某种化学信号，警告附近的树采取防范措施。“说话的树”这个理论在当时饱受批评和嘲笑，然而今天这些被科学家证明是对的。在条件控制更好的新实验中，科学家已经明确证实，遭害虫侵袭的植物确实会发出受伤的信号，警告附近还没被损害的植物驱赶这些害虫或引来害虫的掠食者。也许这些经由空气传送的化学物质，会直接被没有受损的植物吸收利用，但更可能的是，这些化学物质会诱发基因的反应，让植物自己做出抗虫的行为。

这些研究大部分都是针对作物。正常状况下，我们看到胡蜂在一只瘫了的毛毛虫中产卵并不会幸灾乐祸——除非那种毛毛虫会吃

●飞燕草

掉玉米。我们看到种植的番茄能为求自保主动出击，真是松了一口气。我们感兴趣的是甘蓝菜和甘蓝蚜、利马豆和叶螨、甜菜和行军虫的幼虫。

对植物更加了解后，我们不难猜到相似的防卫机制也出现在野花身上，像是深蓝色附子花、紫蓝色飞燕草、天蓝色亚麻、黄色耧斗菜、金黄向日葵、淡色马先蒿、象头马先蒿、流星花、红色跃升花和火焰草。说不定这些植物彼此也会谈谈呢。

当然，草地不是真像个市郊的住宅区。它其实更像购物中心，每个植物就像是在此做生意的店家。照常理来想，这个购物中心内只能有这么多家鞋店、餐厅，这么多家精品店。当两种花太相像时，竞争会更加激烈，按理说，其中一个可能会被淘汰出局。

然而，这种情况似乎没有发生过。花往往能学会调适，有些改为自体受精；有些推出新奖品——也许是某种全新产品，例如树脂、油或是香水；有些则是改变开花时间。红色跃升花长在某种吊钟柳旁边，而其中一方会视对方的生长情况，提早或延后开花（各地的情形不同）。

不过，某些植物之间，或是不同物种间的竞争可以很激烈。

在美国西南部，石炭酸灌木和一种名为无舌状黄花的灌木共享沙漠中的资源。两种植物逐渐发展出领域观念，会彼此保持距离。无舌状黄花的根要是进入了石炭酸灌木根盘踞的领域，就会停止生长，因为石炭酸灌木会释放出一种生长抑制剂。即使侵入的是另一株石炭酸灌木的根，无舌状黄花的根也会被同样的化学物质拦截。

相形之下，无舌状黄花对石炭酸灌木的侵入就显得无力招架。不过，当一株无舌状黄花的根碰到另一株的根时，生长力也会下降。若是同株植物的根相碰则不会有事。这种植物既能认出自己，也能认出非己。

植物释放出毒害附近植物的物质的现象叫作“化感作用”。早在公元一世纪时，希腊科学家普林尼就观察到黑胡桃木下面长不了什么植物，它的阴影“太沉重，而且有毒”。像藜、蓟、莎草、鹅肠菜之类的野草，不只是会争取资源，也会阻碍附近植物的健康生长；多种芥菜和向日葵同样具有化感作用，一枝黄花和紫菀也是。自然界里一丛丛同种的树或草，透露出强制划界的信息：不要越界……滚！对，就是你。

有些植物会主动发起掠夺。独脚金的种子只有在高粱、玉米、大麦之类的谷物，或是烟草、豇豆之类的作物旁边时，才会发芽。这些植物开始生长时，独脚金也迅速从地底下蹿出，把不怀好意的手指伸向受害者，同时发展出一个特化[1]的、类似根的器官，使寄生物可以吸出宿主植物根里的水分和养分。最后它会探出地面，开出一朵漂亮的红花。

事情发展到了这个地步，农夫恐怕已经失去自己的高粱田了。在亚洲和非洲的一些地区，独脚金可以祸害高达百分之四十的可耕地。对这些地区来说，农作物歉收是一家人的不幸，孩子会因饥馑而死。在那里，独脚金和战争一样致命。

像美洲商陆或槲寄生之类的寄生植物，攻击的则是阔叶木；檀香的食物来源是附近的禾草类植物；水晶兰鬼魅一般的白色管状茎上开着一朵白花，由于自身缺乏叶绿素，它要从邻近树木根系上的真菌那里补充养分。

在长满飞燕草和耧斗菜的草原上，最奇特的寄生现象也许发生在另一种柄锈菌属的真菌——锈菌身上。锈菌感染的是芥菜类，它会违反植物的天性，重新设定芥菜的生长方式。受感染的芥菜植株

(1) 编注：特化，指物种为了适应某种独特的生活环境，形成局部器官过于发达的一种特异适应，是分化式进化的特殊情况。

和未受感染的看起来大不相同，患病植株的叶片和基部丛生叶的数量可能比正常植株多两倍，但高度只有正常植株的一半。加长的茎上面，顶着的不是芥菜的花，而是一簇簇亮黄色、形状像花瓣的叶子，还流出又甜又黏的物质。蝴蝶、苍蝇和蜜蜂来造访这朵伪花时，会像平常传粉一样，撒下名为“孢子”的真菌生殖细胞，而这些孢子，就得去找别的孢子结合了。

值得留意的是，伪花的气味和宿主植物的花或是营养器官的气味不同，也跟同时开放的花，如毛茛或天蓝绣球的气味不同。伪花散发出独特的气味，也许这样能够促进传粉的专一性，使传粉者把真菌的生殖细胞搬移到另一朵冒牌花而非真花身上。

如果远看，即使是植物学家，都可能把冒牌花误认成真花；至于我等，连近看都会上这锈菌的当。

花如果想在竞争中成为赢家，还有另一种类似“合气道”的战略，也就是利用敌人的长处。

在“贝氏拟态”[1]下，花试图看起来像是另一种花。兰花会长得像某种有花蜜的百合，却不提供花蜜。这样的模仿是有限度的，模仿过度会失灵，可能让传粉者学乖，改找别的花。但也可能传粉者没有觉悟，最终因缺乏食物而饿死。贝氏拟态仰赖的是模仿对象的繁盛，模仿对象繁殖得越好，它们就越能成功繁殖。

大多数情况下，贝氏拟态是伪装成有花蜜或花粉的花。有些花则会做做伸展运动，例如有些兰花会在微风中摇摆，企图模仿昆虫行动的样子，然后一只有领域观念的昆虫会前来袭击花朵（也就顺便为花传粉了），想把入侵的“昆虫”（其实是兰花）赶跑。不过，

(1)　编注：贝氏拟态，指一个无毒可食的物种在形态、色型和行为上模拟一个有毒不可食的物种，从而获得安全上的好处。

蜜蜂不是每次都那么合作，兰花有时还是得自体受精。

动物的贝氏拟态更常被人提起。它们这样做的目的跟传粉无关，而是为了躲避掠食者。于是不会伤人的王蛇，长得却像有毒的珊瑚蛇。一只丑陋但无毒的毛毛虫，看起来却像丑陋且有毒的毛毛虫。在这两个例子中，形似（resemblance）只对模仿者有好处，别人不能分得利益。

另一种叫作“缪勒拟态”的模仿行为就很不一样了。在缪勒拟态的情形下，形似对模仿和被模仿的双方都有好处。

好几科的植物中，都包含多种花序是小白花的种类。这些伞状花序的花，形状都差不多，吸引了很多种昆虫。在这一情况下，植物借由缪勒拟态，把黄心白雏菊、黄顶的蒲公英、紫菀，还有其他众多亲戚全部聚集起来，互通有无，招来更多的传粉者，使全体受益。

在美国西部，多达七个不同科、九个种的植物都有红色管状花，而且会在同时开花。迁徙的蜂鸟喜欢红色管状的花朵。不同种的花会把花粉放在鸟身上的不同部位，好让花能找到相似的花，为其授精。

其中有八种花还结合了大家的花蜜，供应众多顾客。剩下的第九种则是运用贝氏拟态的策略——虽然是红色管状，但没有花蜜。

如果是非植物学家读到植物学的著作，可能会抬起头来问道：“到底谁是贝氏，谁又是缪勒？”

时光倒回一八四八年的亚马孙河流域，贝茨坐在独木舟里，摇摇晃晃顺流而下来到一个部落。当地的猿猴、鱼类还有蝴蝶让他着了迷。那时的贝茨二十三岁，他的同伴华莱士二十五岁。两个男孩来自英国，立志想成为自然学家和收藏家。

贝茨在接下来的十年里继续探索亚马孙平原，采集到了八千种新的昆虫。

一天，在观察一群南美蝴蝶时，贝茨认出其中有两种不同的种类，第二种跟第一种长得非常相近。掠食者不爱吃第一种蝴蝶。第二种其实味道很好，但因为和第一种颜色类似，因而骗过了掠食者。回到英国后，贝茨在当时声誉极高的林奈学会发表了一篇有关蝴蝶的文章。

几年后，德国动物学家缪勒证实了另一种模仿行为：为了以最有效的方式抵御掠食者，两种都很难吃的蝴蝶，可能最后会长成一个样。例如对鸟来说，总督蝶和帝王蝶同样不美味，人们原本以为总督蝶是采用了贝氏拟态模仿帝王蝶，但事实上它们结合了彼此的长处，让掠食者只用一半的时间，就学会了对两种蝴蝶敬而远之。

贝茨的同伴华莱士，后来离开了亚马孙平原，前往马来西亚继续进行采集工作。华莱士在这些岛上看到的，跟二十年前达尔文在科隆群岛上看到的情况一致。华莱士很兴奋，给达尔文写了一封信。达尔文也回了信。

考虑到华莱士可能会先发表他的理论，达尔文完成了拖了很久的以自然选择为主题的著作。一八五八年，两部分别由不同作者完成的著作在林奈学会发表。

不到一年，达尔文的《物种起源》出版。

紧接着，贝茨发表了他有关蝴蝶的研究。这似乎是自然选择的最佳范例：跟有毒模仿对象相像的个体占有优势，不会被掠食者吃掉，因此较有机会让自己的基因传下去。于是，越来越多的个体开始向原模仿对象靠拢，整个物种成了模仿大队。达尔文写了封热情洋溢的信给贝茨。

三人间的对话由此展开。

花和科学有些相似之处。它们讲究的都是社会，是团体生活：

合作、竞争、盗取、借用、剥削、结合。

草地上的野花摇曳着，光华四射。有深蓝色附子花、紫蓝色飞燕草、天蓝色亚麻、黄色耧斗菜、金黄向日葵、淡色马先蒿、象头马先蒿、流星花、红色跃升花和火焰草。

某处，一棵幼株开花了，它在风中轻摇，吐出甜香。情况看来很不错：传粉者有意造访，害虫不起坏心，土壤的状况恰到好处。

而且，邻居看起来都挺友善。

第十一章

巴别塔与生命之树

他们明明知道一朵花的俗名是“黑脚雏菊”，却偏偏要说“菊科植物”。他们最喜欢刺耳的拉丁文，比赛谁能说得最溜……

要说植物学家古雅得可爱也可以，说是装腔作势到惹人厌也可以。他们明明知道一朵花的俗名是“黑脚雏菊”（blackfoot daisy），却偏偏要说“菊科植物”。他们最喜欢刺耳的拉丁文，比赛谁能说得最溜：这是 *Melampodium leucanthum* 吗？*Chrysanthemum leucanthemum* 呢？*Monoptilon bellioides*？*Bellis perennnis*？

不是吗？不是 *Eregeron divergens* 啊？

大人在说话，小孩不明所以。

“是朵雏菊啦！”外行人低声说。

在传统分类学里，雏菊属于植物界、被子植物门、双子叶植物纲、菊目、菊科，而该科包括了一千个属，这些属底下有约一万九千种植物。各个类别如界、门、纲等，称作分类单元。

分类学家做的事是把东西分类。他们自己便隶属于动物界、脊索动物门、哺乳纲、灵长目、人科、人属，以及该属唯一现存的物种，智人。

分类学家斥责外行人：世界上有太多种雏菊了，我们得要分得更明确些。

同样地，俗名叫蓝钟（bluebell）的植物也太多了，但它们的属别、种类均不同：在新西兰指的是石生蓝花参，美国是加州蓝铃花，西非是蝴蝶花豆，苏格兰是圆叶风铃草，英国是英国风铃。

光是在英国就有十种不同的布谷鸟剪秋萝，只要是在布谷鸟啼叫时的清晨开花都算。还有太多可笑的俗名，像是“别碰我”

（touch-me-not，中文名为“凤仙花”）、“血红的鹳草”（bloody cranesbill，中文名为“血红老鹳草”）、“张开的屁股”（open-arse，中文名为“枇杷”）、“讲坛中的杰克”（jack-in-the-pulpit，中文名为“三叶天南星”）、“火轮”（firewheel，中文名为“天人菊”）、“猩红号角手”（scarlet bugler，中文名为“大红吊钟柳”）、“巫婆榛木”（witch hazel，中文名为“北美金缕梅”）、“女士的拖鞋”（Lady's slipper，中文名为“兜兰”）、“无花果草”（figswort，中文名为“玄参”）、“长须的舌头”（beardstongue，中文名为“吊钟柳”）、“蛇扫帚”（snakebroom）。[1]

大人要谈正经事之前，首先得学会正经的语言。

目前所知最早的植物分类著作是在公元前四世纪用拉丁文写成的。将近两千年后，一位英国植物学家完成了第二次重要分类，使用的也是拉丁文。十八世纪时，某位科学家表示小时候跟爸爸说话只准用拉丁文，结果他在学会自己的母语瑞典语之前就学会了拉丁文。

“救命啊，爸爸，我要淹死了！”

是“*Filius, filius, linguá latiná dicte！*”（拉丁文）。

这种管教方式颇有距离感，是冷酷规划下的产物，可能出自控制欲强的人格。

也许正是类似的方式，培养出像林奈这样的科学家。他也是瑞典人，生于公元一七〇七年，父亲是神职人员，也是个好学不倦的植物学家，林奈的叔叔和祖父也是（连他的曾祖母也曾是植物学家，后来还因此被指控为女巫，处以火刑）。林奈长大后成为一个自大、虚荣、没有安全感的人，他的才智都花在研究植物的架构上面。他

（1） 编注：英文版文字并无括号里的中文名称，此为中文版另增。

●牛眼菊

依照生殖器官，把植物分成二十四纲。

“上帝负责创造，林奈负责让受造物就位。”他说。

要想把整个世界组织起来，自大也许是必要的。林奈发现，想要推广他的工作成果，更好的方式是使用第三人称，这样别人会把他的话当一回事。尽管他标榜的分类系统是人为的，而且有些地方不够精准，但它在当时仍是最方便而且最完备的体系。不过几年的工夫，他的分类系统就成了主流。

林奈最重要的贡献，是给每个物种起了一个两项式的名字（双名命名法），即每个名字可分为两部分。今天我们沿用的还是这套方法。第一个词的首字母是大写，代表属名，例如“*Mentha*”指的是薄荷，“*Vitis*”指的是葡萄；第二个词是小写，通常起到描述功能，例如“*Mentha peperita*”就是胡椒薄荷，“*Vitis vinifera*”则是一种常见的酿酒葡萄。

今天的科学家在发现新的物种时，依循的是“国际植物命名法规”，简称“植物命名法规”。物种首先依界、门、纲、目、科、属的标准决定它的定位，然后再用双名命名法来命名。用所谓“植物拉丁文”取的名字和发现者用自己母语起的名字，都要一起交给主管的期刊，由那里的编辑和工作人员审定是否真的是新物种，名字是否没人用过。

植物拉丁文的文法已经简化，加了一些新词，改变了原来的词义。要是讲给古典拉丁文学者或是古代罗马人听，他们会不明所以。尽管如此，就像一位语言学家所说，“活狗总比死狮子好”（A living dog is better than a dead lion）。

植物拉丁文就是只活狗。

Eregeron devergens. Monoptilon bellioides.

这些原本佶屈聱牙的词，终会变得顺口，就像岩石经过了水流翻转和时间打磨后，最终会变成轻盈的石子。

Melampodium leucanthum. Bellis perennis.

你也可以加入谈话。

你也会觉得自己与众不同。

林奈在进化理论出版前一百年就发表了对花的分类。他依照外部形态进行分类，直到十九世纪，其中的大部分仍具有绝对权威。他的双名命名法和分类等级，至今仍为大家沿用。

当代分类学家试着以世系，即植物及其后代随时间演化的形式和过程作为分类标准。沿这条世系之线往上走，生物共有的特征越来越多，到了物种的单位时，生物共有的生殖特征已足以让它们共同繁殖出有生育能力的下一代。同样，沿这条世系之线往下走，每降一级，物种间的演化关系就越密切。

分类学家都认为，分类要能反映演化过程。但是他们对生物的哪些特征较原始、哪些较新的看法各异；同样有争议的是判定各等级时，该采用何种指导原则。因此，植物学家采用了数种不同的分类系统，以此反映判定者的个人特色。

例如说，果实为荚果或豆子之类的豆科植物，可以依花的形态分为三类。含羞草的花是辐射对称的；普通豆科植物的花是左右对称的，有五片花瓣，中间的花瓣较大，从花苞中伸出；美国皂荚的花也是五片花瓣、左右对称，但中间的花瓣不大，不会特别显眼，也不会长出花苞外。如果你认为花的形状很重要，就会把三类植物分别划入三个科，然后别人就会说你是个“分裂主义者”（splitter）。如果你觉得形状不重要，果实或豆荚才是重点，你就会把它们全部堆到一科，分属于三个亚科。要是这样做，别人就会称你为“合并主义者”（lumper）。

还有一种叫作“支序分类学”的方法，可以供你发展出自己的一套分类。首先，找出某种植物的特征，定义它是原始的还是衍生出来的。玫瑰的红花和司虾鹿角柱的红花是由两种化学结构不同的色素形成的，是哪种色素先出现，哪种由另一种衍生而成？不同的演化分支图显示的演化分支和演化模式都有所不同。命题很复杂，牵涉因素众多，可能性也许成百上千，甚至达百万种。不过，计算机可以帮你计算，推测出较有可能的形式。

无论你是哪种分类学家，计算机都可以助你一臂之力。现在我们能借着观察植物的脱氧核糖核酸（DNA），估计出植物是何时、从何处，以及怎样演化而来的。我们观察细胞，观察基因和染色体。然后，我们从显微镜前抬起头来，有些气馁。

原来，我们目前的很多分类都是错的。每天都有坏消息传出。例如，莲花跟睡莲并没有关系，而是跟西克莫无花果一类。

有种体形小、开白花的芥菜，学名是拟南芥（*Arabidopsis thaliana*），经常在实验里用到。身为第一个完成基因排序的植物，有关它的研究报告数以百计。我们对它所知甚详，但不幸的是，曾有一位植物学家在研究跟它同属的二十五种植物时，发现其中有二十种跟它没有演化上的关联。这种植物势必得重新命名，全世界的植物基因学家一片哗然。

单单是新的植物知识就已经渐渐无法跟旧的等级系统、界（kingdoms）、门（phyla）、纲（classes）、目（order）、科（families）、属（genera）、种（species）兼容了。以前学生要靠提示性的字句来记住这些等级："菲利浦王只为金银而来（King Philip Came Only For Gold and Silver）。"后来，分类学家又加上了总目（superorders）、亚科（subfamilies）、族（tribes）、群（cohorts）、类（phalanxes）、亚群（subcohorts）、亚类（infraphalanxes）。这样一来，即便有能帮忙记住这些单词的句子，本身也太长了。

在目前的体系下，新的发现可能会产生多米诺效应，一个植物家系改了名字，以下不计其数的植物名可能都得跟着改动。植物学法则里的更动，有时非常复杂棘手。

光是用植物学法则命名这档子事，本身就够复杂的了。

有些生物学家想要一个新的系统，丢弃已经扭曲且多有矛盾的界、门、纲这些等级，给植物取个能看出其演化过程的合适名字。这样的命名遵循林奈的“阶层”精神：一类植物包含在一个更大的类别中。人类也许就可以叫作“智人、人属、人科、灵长目、哺乳纲、脊索动物门、动物界”（*Sapiens Homo Homidae Primata Mammalia Vertebra Metazoa*），或简称为智人（*Sapiens Homo*）。这样，要是又有什么新发现（譬如发现我们的祖先来自外太空），要改名字就容易多了。

菲利浦王再也没人理睬了。

“这是从发明切面包机以来最伟大的成就。”[1] 一个植物学家说。

“蠢透了。”他的同事说。

“听来挺吸引人的。”第三个人说。

又是一个沟通上的问题。

我们希望借由取名字来更加认识雏菊。然后，像滚雪球一般，我们想知道雏菊的亲戚叫什么名字，还有跟这些亲戚有关的植物的名字，还有这些植物的亲戚要怎么称呼……最后，我们发现，我们根本是要为全世界命名。

雏菊只是植物学家称作生命之树的结构里的一个小分支，我们还想认识整棵大树。

(1) 译注：西方人以面包为主食，但以前得用手切，故视切面包机的发明为了不起的成就。

要达到这个目的，需要做的不光是找出一个共通语言，或是进行一场谈话而已，更牵涉到名字如何互相联结，如何形成一个更大的整体，就像植物由细胞开始生长，然后分裂出枝叶，最后包罗世间万物。

这是生命之树。如果想要描绘出它的全貌，通常我们需要把构造简单的单一细胞当作树底，由它们画起。这些称作“原核生物”的细胞，内在结构简单，有些已经习惯了严苛的环境，例如高温的水池，或是刚诞生的星球之类。原核生物向上一层，是称作“真核生物”的细胞，它的构造更复杂，中心有了细胞核还有其他结构。这两种单细胞生命形式共同组成树上最大同时也是最乏人问津的部分，所占比例远远超出其他生物。此区有数以百万计的物种尚未被发现，甚至也没人打算去发现。这巨大的“树干”常分成两界：原核生物界和原生生物界。

继续往上升，快到顶端了。构造复杂的单一细胞，结合成多细胞的真核生物，即我们说的树冠部分。我们习惯把树冠分为三界：植物界、真菌界和动物界。

最近的研究已经在这些枝干间卷起一阵旋风。

植物界的单一枝干，实际包含了三个独立的植物群，即三组由三种不同单细胞生物演化而来的世系。绿色植物包括绿色藻类和所有陆地上的植物；红色植物指的是红藻；褐色植物是褐藻、硅藻及一些长得像植物，但不进行光合作用的生物。

第四个分支的真菌，包括了酵母菌和蘑菇。蘑菇也许看起来跟它们没什么关联，像朵雏菊般生长，但以演化观点来看，蘑菇和其他真菌或动物的关系比跟植物密切。

动物界（嘿，来点音乐！）是第五个分支。从医学的角度来说，我们在演化上跟真菌近似，因此真菌造成的感染很难医治。对真菌有害的，对我们也有害。我们亲如手足，有着太多的共同之处。

了解生命之树上谁往哪里去、谁跟谁有关系很重要。如果我们知道某种疾病是细菌而非真菌造成的，我们的应对方式也会不同。另一方面，要是某种植物对我们有益，它的亲戚可能也对我们有益。当研究人员发现短叶红豆杉能产生紫杉醇这种抗癌物质后，这个树种没多久就因滥采而濒临灭绝了，但很快我们就知道再去找那些也能产生紫杉醇的物种。我们甚至发现，某种长在红豆杉上的真菌也能产生紫杉醇。

红豆杉、真菌，还有研究者。我们的关系之密切，远远超乎我们所愿意相信的。我们紧紧缩在生命之树的一角，被细菌包围。微生物的势力之大远超过我们。

在生命之树上，人类只是根小树枝。我们所属的动物界领域极其微小。但我们才是重头戏。我们喊出生物的名字，梦想为它们命名；我们赞美赐给世上生物名字的神灵；我们明白命名的魔力，我们很清楚命名即占有。

有人说，玫瑰不管取什么名字都会一样香。不过这只是某些人的意见罢了，说不定它改了名字就不会那么香，闻起来就会不一样了。也许，所有的不同都是名字造成的。

是朵雏菊，好漂亮。它的心是蛋黄一样的颜色，花瓣是乳白色的。我们一片片地剥下花瓣，轻声默念，“他爱我……他不爱我……”，我们还用花编了个花环戴在头上。

我们想为雏菊命名。

叫作 *Eregeron divergens* 吧。不，叫 *Bellis perennis*。不对，应该是 *Chrysanthemum leucanthemum*。

伴随着这些仪式，我们把雏菊安放在了生命之树上。

第十二章

花与恐龙

这些花和所有现存在世上的花，都是有能力跨越 KT 界线的花的后代。它们的源头，则能追溯到几千万年前第一棵绿色植物，那个只有针头大小、一层细胞厚的，傍淡水而生的植物。

是十亿年前的事了。

你身处水中。水从身旁流过，一切轻松而惬意。你吐出了雄性生殖细胞，它们随流水漂走。你吐出了雌性生殖细胞，它们也随流水漂走。你离开了海洋，来到一个淡水湖泊。此处也挺不错的。你很快乐，就像只蚌（不过这时还没演化出来）一样快乐。

你并未狂妄到自以为是绿色植物中的夏娃。和针头一样大小的你，厚度相当于一层细胞。有件事挺让人伤脑筋：由于湖岸不断变化，湖水已经退去，害你干掉了。

不过你仍学着适应，保护自己不受阳光伤害，并在涨水时释出精子，水退时按兵不动。你已不是昨日的你。有了新面貌的你，觉得自己不再只是绿藻。

你挺喜欢藓类这个字眼。

现在到了五亿年前。

你没有叶子、没有茎，也没有根，很难传输矿物质和水分。于是，你决心要成为蕨类。有朝一日你会当上家庭盆栽，人类会是你的奴隶，每天为你灌溉，而你会住在一栋可以观海的大宅里。

你现在有些自大了。“包装”这个主意令你心动。你想要保护自己的胚（你称之为种子）；你想把自己的精子装在容器里（你称之为花粉）。

现在是两亿年前了。

你已发现了空气动力学这回事，知道风会把你的精子带到另一株植物去。现在你是棵松树了，是镇上主要势力的一分子。你的同伴遍布整个大地，到处皆是起起伏伏的茂密森林。你是陆地上最成功的植物。你想在夹克上面加上你们这一伙的标签：裸子植物（如果有做得那么大的夹克的话）。

你是裸子植物，没有花和果实。目前的成就令你心满意足。你仰仗着自己的桂冠（这时月桂树还没演化出来呢），心中感到无比骄傲。

你想要别人也知道你的感觉。环顾森林，你瞥见了恐龙。

两亿年前，侏罗纪刚开始，爬虫类动物和裸子植物分居陆地上动、植物界的霸主地位。爬虫类指的是恐龙，它们已经存在了很久。接下来的六千万年，它们的体形会越来越大，最后有些长到二十多米长，重达六十多吨。它们成群活动，用柱子似的腿行走，土地为之震动。骄阳下，它们吃着针叶树、苏铁、银杏和种子蕨的顶部树叶，用耙子般的牙齿，扯下多叶的枝干，然后让食物在胃里慢慢消化。当时，多数的大陆仍挤在一起，形成一个巨大陆块。少数的蜂和其他昆虫在空气中轻轻飞过，少数外貌像鼠类的哺乳类动物则在泥里匆匆钻过。

一位名叫洛伦·艾斯利的作家曾形容过这样的景象："在陆地上，松树和云杉的森林形成一片单调的绿，连带它们原始的球花[1]，延伸到每个角落。没有禾草类植物掩蔽掉到地上的赤裸种子，雄伟的红杉直指天际。那时的世界确有引人入胜之处，然而那是个巨人的世界，其步调悠缓，正如那些在巨大树干间昂首阔步的爬虫类动物。"

在这单调的绿色世界中，真正的花开始演化出来了。演化来源

---

(1) 编注：裸子植物没有真正的花，它们在开花期间形成的繁殖器官称为球花，即孢子叶球。

也许是种子蕨（某类已绝种的植物），或是类似灌木的亚苏铁（也已经绝种），也可能和麻黄是同一个祖先。

同时，巨大的陆块也在分裂。印度向北漂，北美向西漂。到了一亿四千万年前侏罗纪的尾声时，某些植物的胚珠可能已发展出多肉的心皮，能包裹并保护原本裸露的种子。这些植物的种子散播出去时，正好搭上了大陆漂移的便车。

海洋的另一端，北美这块陆地正发生剧烈的火山活动，导致山脊上升，并让非洲和南美洲分开，欧洲的浅海干涸。

时间太长，发生的事太多。

这就是我们喜欢化石的原因。它是某个植物或动物在特定时刻的生命。我可以在化石中看到自己：埋藏在淤泥中，每个细胞的水分都被榨干，体形因而缩小，变得干硬，正等待着科学家来发掘。命运仅此一种，再明白不过。

最早的花朵化石之一是在澳大利亚的库恩瓦拉被发现的，该化石距今已有一亿两千万年的历史。科学家原本以为它是一片没有锯齿的蕨叶，后来才有人注意到那一簇簇句号般大小的花。这些小花全是雌性的，没有萼片、花瓣或雄蕊，唯一的心皮没有花柱，靠缩小的叶片来保护。整个花朵高约四厘米，外貌像一棵小型黑胡椒树。理论上，它的雄性植株应该也埋藏在某地的岩石里。库恩瓦拉之花很可能是靠风传粉，不过，或许也有些小昆虫参与了任务。

当时是白垩纪前期，甲虫已经在为叶似棕榈的苏铁传粉了。其他的裸子植物可能也利用昆虫来传粉。可以确定的是，早在恐龙的时代，苍蝇和蜂类就已经存在。

这时，恐龙的体形莫名其妙开始缩小。小型动物的热量流失快，需要更高的新陈代谢率。于是，草食性恐龙开始学着更有效率地咀嚼。随着鼻孔变大，呼吸也变得更有效率了。拜呼吸道跟口腔分离之赐，恐龙现在不但可以边呼吸边咀嚼，还可以更迅速地实现消化，把食物转换成能量。同时，它们的脑容量和身体体积的比例拉近了，行为变得更有弹性。

到了白垩纪末期，恐龙已经分出了各种支系，从大到小、各式各样，种类之多空前绝后。

花也在分出各种支系。亚洲和北美洲保留下了一亿一千万年前的化石。有些花兼有雌、雄性器官；有些不止一片，而是有八片心皮；有的心皮则已合拢。

九千万年前新泽西的一场大火，把封在粪堆里、数以百计的花的细胞壁都给烤硬了，粪便化成了石头。这些小花是立体的，其中有些和木兰一样，各部位呈螺旋分布。还有些破碎的象鼻虫化石。从这些化石可以看出，当时有些花是靠着甲虫用它们典型的“吃喝拉撒”的方式来传粉的：甲虫在植物身边闲逛，吃东西，交配，排泄，最后拾起花粉背在身上，做法和今天的甲虫一样。有些花会把花粉弄成一块，跟今天的花碰到了可靠传粉者时的做法如出一辙；有些花跟今天的杜鹃花科植物、绣球花、康乃馨、猪笼草和橡树有亲缘关系；有些花会拿树脂当作报酬。

而这是一捧来自白垩纪晚期的花束。

到了白垩纪晚期，开花植物已处处可见。在漂移的大陆上，它们已经以丛生的草本植物和灌木的形式，攻下了未被占领或处于混战的地区。花渐渐发展出左右对称的结构，花瓣合起，形成方便小动物爬进爬出的形状。昆虫也随之应变。它们发现了分泌花蜜的腺体，于是在一杯杯蜜汁间穿梭。一只蛾懒洋洋地从恐龙的鼻孔间穿过，停在一朵香甜诱人的花上。

奇妙的是，恐龙竟可能是促成这一切的帮手。

侏罗纪时期，占据主导地位的草食性动物体形巨大，以裸子植物的顶部为食。通常这些植物都耐得住它们的大嚼特嚼，因为嫩芽和树苗都是在下方生长。

但到了后来的白垩纪，草食动物变小、变矮了，还长出了壮硕的头颅和平坦、能轻易磨碎食物的牙齿，专为嚼烂植物纤维设计。下方的树叶恐怕还没来得及成熟、长出种子，就已经被吃掉了。这时，恐龙跟裸子植物的互动关系，就完全是另一回事了。

同时，裸子植物的数目在白垩纪开始减少。长得快的草本植物和灌木、小小的被子植物以及所有无畏的殖民开拓者，突然捡到了便宜。一座座裸子植物的宏伟森林消失了，更多可繁衍的栖息地出现；花朵有了生长演化的新空间。

艾斯利在其一九七二年写的著名文章《花如何改变世界》中说到，开花植物为小型哺乳类动物提供新的高能食品：花蜜、花粉、种子、果实。这些食物经过浓缩，能够提供哺乳类动物扩张和繁衍所需的能量。禾草类植物长出花后，平原上就会遍布吃草的动物。所有的哺乳类都到齐了，很快就会蹿出一只多毛的掠食者。百万年后，在平原和树林的交界处，会有一只好奇心特别旺盛的哺乳类动物直立着，瞪着前方，手中抓根棍子。

艾斯利以值得传诵的句子为文章做了个总结："小小一片花瓣却改变了地球的面貌，使我们得以称霸。"

当我们看到一棵颜色暗黄的芥菜，或是路边残败、布满灰尘的罂粟时，将会想起这句话。花可能曾是为你我开路的功臣。

恐龙可能也曾为花开路。

我们一生至少会有一次，想象自己身处恐龙的国度之中，尤其喜欢想象自己躲在六千五百万年前的树丛间，而霸王龙就在近处咆哮。

它……来……了……，越……来……越……近……

霸王龙是有自己专属名字的恐龙。它走路的样子像个疯女人，步伐踉跄，不时回望，一副有所企图的样子。它身长十三点五米，身高达六米，体重将近四吨。我们通常会想到它的下颌和牙齿。电视强化了人类的远古记忆，我们能够想起被活生生吞掉的滋味。

如果我们把目光从霸王龙牙齿上移开，环顾四周，就会发现眼前的景象很熟悉。有像落羽杉、红杉、西洋杉之类的针叶树，还有西克莫无花果、月桂树、美国鹅掌楸、木兰。我们还看不到禾草类植物，也看不到向日葵之类的花。不过我们确实看到了很多开花植物——裸子植物的时代几乎已成历史。

霸王龙跨着大步离开，走进了美国鹅掌楸的树丛间，嘴里还在“咒骂”着。它还不知道全世界有超过三分之一的动植物、三分之二陆地上的动植物种类，即将面临灭绝的命运。它也不明白自己正活在古生物学者所谓的“KT 界线”[1]，即白垩纪尾和第三纪初之间的短暂时期。它不晓得当古生物学者谈论“能度过这个时期并存活下来的生物”时，没有提到它的名字。

没有人能准确说出到底发生了什么事。

多年来，火山持续且猛烈地喷发。火山喷发可能会释放出某种有毒的物质，导致全球气温下降。同时，浅海正由大陆退去。恐龙族群可能染上了某种疾病，导致基因库萎缩。甚至，会偷蛋吃的小型哺乳类动物也会让它们不堪其扰。

可以肯定的是，一颗在白垩纪末期撞上地球的小行星，对它们来说是很大的打击。位于尤卡坦半岛的撞击坑，宽度将近二百千米。撞击的碎片散落整个北美，彗星富含的铱元素，则散播到全世界每个角落。大片大片的区域被火烧成灰烬，有几个月的时间，无所不

(1) 译注：之所以称为“KT 界线”，是因为这条线分隔了白垩纪（Cretaceous Period，简写为 K）和第三纪（Tertiary Period，简写为 T），K 代表希腊文“kreta”，是白垩的意思。

在的尘灰遮蔽了太阳，空气中的化学物质让全球都下起了酸雨。

这种情形下，恐龙很快就灭亡了，而以死掉或腐烂植物为食的小型爬虫类和哺乳类动物则度过 KT 界线活了下来，某些种子也活了下来。

美国北达科他州某处，有百分之八十的植物消失了。这个数目是根据 KT 界线上方和下方挖掘出的植物化石数量推算出来的。这一时期化石的特征就是含有小行星撞击的残留物，包括铱元素和震碎的矿物微粒。在那之后，蕨类孢子的数量变多，它可能就属于在撞击后仍能继续生长的植物，而蕨类植物形成的草原或许曾短暂主宰整个大地。

在俄国的远东地区，则只有一种被子植物撑过了 KT 界线。

恐龙消失了，花则是惨遭浩劫。

有人说，事情发生得分秒不差。每次大灭绝后，演化速率就会加快。大家都在分出支系，每个物种都在朝不同方向发展。大灭绝通常由栖息地或气候的重大改变造成，这些变化同时也让存活物种的族群彼此隔绝。于是新的物种演化出来，世界再度变得热热闹闹。

下一个阶段是第三纪，也叫哺乳动物时代，同时是开花植物时代。存活下来的被子植物成了新典范，新的、进化中的花树立了新标杆。早期豆科植物的花有着翼瓣和一片龙骨瓣；喜林芋类的植物为了捕捉昆虫，设立了佛焰苞和花室。花把管子和短枝都加长，好容纳新种类的昆虫、鸟与蝙蝠。然后突然间，蝴蝶出现了！

艾斯利写道：“尽管动作慢、智商低的恐龙令人印象深刻，但它们存在的年代是否曾发展出像今天这般，或攻占地球各个角落，或穿梭于树林间的植物，是否曾呈现丰富多元的生命形态，却是值得存疑的。”

科学家一直在寻找现存最古老的花。他们比较了数百种植物叶绿体的突变基因，当计算机程序为这些基因排定大致的年代先后时，无油樟这种奇异的灌木出现在排序的底端。

无油樟是个活化石，它跟全世界第一个开花植物有着极接近的亲缘关系。它有乳白色的小花和红色的果实，只生长于南太平洋的一座小岛上。有些植物学家认为无油樟的形象接近花的原型，即第一朵具有完整部位的花。

排在距今年代最久远第二位的，可能是睡莲。然后是大茴香，接下来是木兰。

这些花和所有现存在世上的花，都是有能力跨越 KT 界线的花的后代。它们的源头，则能追溯到几千万年前第一棵绿色植物，那个只有针头大小、一层细胞厚度的，傍淡水而生的植物。

你是株被子植物，在大撞击后大难不死。你不愿重提往事。当你发现生命还有更多可能性时，你变成了兰花，这样的转变连你自己都感到意外。你会滴下香露，装成一只胡蜂，设计通行的秘道。你懂得取悦蜂类。

有时，你也会依稀记起恐龙。

第十三章

第七次大灭绝

如果照目前的情况下去，三分之一到三分之二的动植物种类将会在二十一世纪后半叶消失。

“十八个人死了。”

“二十八个人。”

“三十二个了。”

一九九九年七月末，我十一岁的儿子每天都这样报告。我当时正准备动身参加在密苏里州圣路易斯举行的第十六届国际植物学研讨会。有两周的时间，中西部受热浪侵袭，二百七十一人丧生。儿子算的只是圣路易斯的死亡人数。

热衰竭会导致疲劳、晕眩、恶心、头痛、腹部绞痛、皮肤苍白、湿黏、呼吸变浅、脉搏加快。湿度高时，身体经由出汗将水分蒸发以降低温度的效率会变差，黏湿多汗的皮肤转为又热又干。最后，热衰竭会转为中暑，大脑停止运作，回天乏术。

那年七月，在密苏里的圣路易斯，老者、幼童和病患正因热中暑而面临死亡。志愿者把专为沼泽气候设计的冰桶和空调带往城中较贫穷的地区。但有些人拒绝接受帮助，他们拉起窗帘，紧锁大门；有些人有空调，但是不开；还有些人根本没看到志愿者。有个女人每两小时就爬起来一次，用海绵蘸着冷水，为祖母擦拭身体。天亮前，女人从床上爬起，走到沙发边一看，祖母已经死了。

研讨会在圣路易斯中心一座大型会议中心举行。来自一百个国家的四千位科学家聚在一起讨论植物，他们在二百多场专题讨论里发表了一千五百篇研究文章。开会的房间很冷，我得穿件薄毛衣。会议每六年举行一次，但一九六九年后就很少在美国举行。它是一大盛事，是植物学者的朝圣之旅。

然而今年，会议成了一首挽歌。

大会主席一开场就预言，如果照目前的情况下去，三分之一到三分之二的动植物种类将会在二十一世纪后半叶消失。自然情况下的绝种率是每年百万分之一；现在绝种的速率则是它的一千倍，而且将上升到一万倍。

到目前为止，地球已经经历了六次物种大灭绝，第一次是五亿年前的寒武纪灭绝。公元二〇五〇年，我儿子就六十三岁了，他将会目睹第七次大灭绝的开始。

也有人认为，我正目睹着它的开端，而我的儿子将看到它的结束。

第六次大灭绝发生在六千五百万年前，恐龙就是在当时消失的，超过三分之二陆地上的动植物也是。它们消失的原因仍有些神秘。

第七次大灭绝就不会有什么神秘的了，我们的孩子将能清楚说出它是如何发生的。

主要的损失会是热带雨林。我们正以如此急剧的速度失去这个生态系统，可以预见，五十年后，剩下的雨林面积将只有现在的百分之五。我曾一再听人说起（而且往往相当明确），每一分钟有多少多少平方千米的雨林被砍下，我每次呼吸、每次心跳时消失的雨林面积又是多少。

我似乎老记不起来那些数字。

大会主席提出了一个延缓目前绝种率的计划，包括七项工作重点。计划里提到钱、组织和相关研究，无一不是合理可行的。研讨会期间，会有更多计划提出，全都需要钱、组织和研究。禁烟室里，会议桌四周，男男女女共谋拯救世界的计划。精英人士正在私下协议。

至少我希望是这样。

我坐在会议厅里，聆听一位女士指出我们如何把事情搞得一团糟，论点一针见血。人类已经让地球上百分之五十的陆地变了模样。我们已经把环境中的氮增加了一倍，也让空气中会造成温室效应的气体增加。科学家不再争论全球变暖的真实性，每年的高温都在刷新纪录，每年夏天都有一波致命的热浪。

海洋面临危机。岸边的水域已经出现大约五十个死亡带（无氧或含氧量很少的地区），其中最大的出现在西半球的墨西哥湾，是密西西比河冲刷下的氮和磷造成的。海岸线正在遭受侵蚀。有毒海藻的数量不断增加，超过百分之六十的珊瑚礁遭到威胁，而它们关系到四分之一海洋生物的生存。大部分的伤害都是看不见的，也不受重视。拖网渔船根本就是把海底刮得一干二净。

让大海的归于大海是什么意思?

那年七月，报纸说世界人口数量刚刚达到六十亿。不到四十年前，人口数量还只有它的一半，而五十年内将会是它的两倍。我是六十亿人口之一，我儿子将会是一百二十亿人口的其中一个。很明显，我们已经超额了。

事情到此变得棘手。看看我十一岁的儿子，他是个讨人喜欢的孩子，就算到六十三岁时也是如此。尽管我们人数过多，但没有人的价值会因此比其他人少。

在会议厅的另一个房间里，一位男士谈到外来物种的入侵。随着植物、动物和真菌的散播，疾病和混乱被带到了世界各地。我们之所以会渐渐失去原有物种，很大程度上归因于外来物种的入侵。人类也是共谋——蛇借由飞机来到原本无蛇的岛屿，病毒也蹦上行李跟着登陆。有时，我们还会特意引进外国品种。

岛屿特别容易遭殃。夏威夷是“世界绝种之都”，它包罗了美国濒临灭绝植物的三分之一，当地一半的野生鸟类也已不复存在。而虚拟岛屿（被人类开发后包围起来的小型野地）的出现，则反映出我们正在分割原有栖息地这一更严重的问题。我们正到处制造岛屿。

●跃升花与宽尾蜂鸟

科学家谈到四处蔓生的物种（像是人类），还谈到未来的地球将遍布杂草。夏威夷蜜旋木雀将消失，麻雀会留下来。睡莲将消失，蒲公英会存活。

有没有问题?

关于外来物种的入侵有什么问题吗?

全球变暖呢?

物种灭绝?

记者站起来向科学家提问:“就你所知道的，以及你所告诉我们的，你觉得还有希望吗? ”

观众静静等待着。大家盯着科学家的脸看。我们看着他眨了下眼睛，动了动嘴角，看着他望向地面，又再度抬起头来。回答“是的”的时机已过。

“这个问题并不公平。”他说。

我们才知道，原来“你觉得还有希望吗”是个不公平的问题。

我们知道的开花植物超过二十五万种，还有很多是我们没有发现的。我们认为百分之二十五的绿色植物会在未来五十年内消亡。研究者推测，每周都有一种植物在某处消失，而在美国，每三种植物中就有一种面临灭绝的危险。许多物种的灭绝应该都是可以预防的。

但我们不抱太大希望。

我们评估花朵将遭遇的命运时，可能低估了传粉者受到的连带冲击。它们在世界各地的数量也在减少。一个物种灭绝了，也会对别的物种造成伤害，并引起食物链上的连锁反应——这可能代表一大群动物也将就此消失。雄性长舌蜂会拜访数种兰花，取得交配所需的花粉；雌性长舌蜂的搜索线很长，能为散落在森林各处的、生长繁茂的木本植物传粉。由于人类的砍伐、放牧和开发，这些植物受到威胁，蜜蜂也同样受到威胁。一个物种的繁盛跟另一个物种的繁盛有连带关系。

我们不是因为杀死了最后一只候鸽[1]，才把整个族群杀光的。真正的原因是我们杀了太多候鸽，造成族群解体，无法正常运作。事实摆在眼前，那是它们唯一的生存模式。

大部分花朵的适应能力都比候鸽强，或者说，我们希望如此。

研讨会召开期间，我每天都在阅读有关热浪的报道。芝加哥有个十四岁男孩躺在床上，奄奄一息。祸不单行，由于没缴电费，能源公司已经切断了他妈妈公寓的电力供应。这可能是她和房东，还

(1) 译注：候鸽是一种野生鸽子，原产于北美洲，但已于二十一世纪初绝种。它们常会成群结队地觅食，景象颇为壮观。其灭绝原因不详，但推测跟疾病、栖息地遭破坏和人类的大肆捕杀有关。

有电力公司之间的一个误会，毕竟她才搬来不久。报道指称，电力公司表示他们感到非常抱歉，因为当他们切断电力供应，导致温度上升后，母亲再也没有办法让生病的男孩在热浪的袭击下凉快起来。

我能想象那个女人冲出公寓试图求助，愤怒而不可置信地大喊："绝不可能发生这种事！"

男孩在她离开时死了。

我看不到那位母亲的脸。但我看得到男孩躺在床上，等待着，皮肤发烫。他知道自己就要死了。他病得太重，管不了太多了，但他就是知道。

第十四章

有所不知

我们对这些植物所知并不多。我们研究的主要是农作物，目的也仅止于实用。紫茉莉依然如谜。曼陀罗依然如谜。白色露珠草依然如谜。

每天早上起来，我们就被种种神奇和重重奥秘环绕。未知令人兴奋。生命花了四十亿年的光阴才成为今天的样貌。今早醒来，我们想把一切弄个明白。

我跟罗布·拉古索约在亚利桑那州图森市的亚利桑那沙漠博物馆见面，在曙光中观赏天蛾。它们将现身于一丛丛曼陀罗间。此类植物的别名有“吉姆森草”（jimsonweed）、“刺苹果”（thorn apple）和月光花（moonflower）。曼陀罗有巨大的喇叭状的花，质感如丝，呈乳白色和淡淡的紫色，吃下它会产生幻觉，导致失明甚至死亡。就像神话中所说，它的美丽有着双重性格。

我从小就是跟这种美丽却邪恶的花一起长大的。我从不曾对它习以为常，每次看见它，都不禁屏息。

博物馆里的“蛾园”也长满了一簇簇紫色的马鞭草、黄色的矮月见草、粉红色的紫茉莉和白色的月见草。月见草很细致，四片心形花瓣看起来只有一层纤维那么薄，笼罩其上的色彩稍微深些，像覆盖住年迈老人或稚龄孩童脸上的一层面纱。这些花看起来像是本打算去别的地方，却被风吹了过来。它们迟疑不定，仿佛又会随风而去。

事实上，它们正忙着散发出香味，迎接蛾的到来。

天蛾分布于世界各地。它的头的下方有根卷起来的吸管状喙，能够用来吸取花蜜。健壮的身体配有大而坚硬的强壮翅膀，轮廓鲜明。即使在微弱的光线下，天蛾仍能看得很清楚。它们飞得又快又远，还懂得控制自己的体温。

在这个沙漠里的天蛾是白条天蛾，这种蛾的四片棕色翅膀上有粉红色和白色的条纹。它的幼虫出于天性，会把视线范围内可以吃的东西都吃光，还会像小小的狮身人面像一样，挺直身子，以一种挑战的姿态，看看你是否对它喜欢的这种生活方式有意见。白条天蛾的毛毛虫呈浅浅的黄绿色，头是黄色的，身体两侧有淡色的斑点，以黑线描出轮廓，而末端有亮黄色或橙色的尖角，看起来美丽异常——它们似乎也知道这一点。

罗布从小就喜欢收集蝴蝶和蛾。在耶鲁大学念书时，他曾研究为蝴蝶提供食物的花朵。等到在研究所研究花香生物学时，他的注意力已经转向作为食物的花，而非蝴蝶本身。他从由花瓣释出、在天空中飞舞的分子入手，希望有朝一日能搞清楚每个细节。

罗布喜欢谈论伯惠绣衣（*Clarkia breweri*）这种很少有人听过的野花，一九九五年，他的博士论文就以这种野花为题。属于柳叶菜科的伯惠绣衣是粉紫色的，四片花瓣分成一个中央裂片及两个侧边裂片。这小东西看起来既快活又亢奋，它长得很快，适合拿来做基因研究。目前所知和它同属的花超过四十种，只有它是有香味的。

罗布深情地说："山字草（*Clarika*）这个属的植物，自古以来就由蜜蜂传粉。它们只给特定种类的蜜蜂提供花粉，但没有花香。然而，伯惠绣衣后来竟演化出一条长长的花蜜管，把花粉换成了花蜜，而且加上了香味。这是怎么回事？"

罗布花了一年时间研究采集、分析气味分子的方法。他发现伯惠绣衣的气味比较单纯。这种花产生两种化学分子，即柑橘属和薄荷里常见的萜类化合物，以及苜蓿和肉桂特有的苯环型化合物。跟它亲缘关系最接近的红丝带克拉花也含有微量萜类化合物。伯惠绣衣强化了这些化合物，还添加了不同种类的其他化合物。

再来，罗布等人要查出花的哪个部分制造什么气味，哪些酵素、哪些基因参与了这个过程，这些都是我们前所未闻的。有了香味，

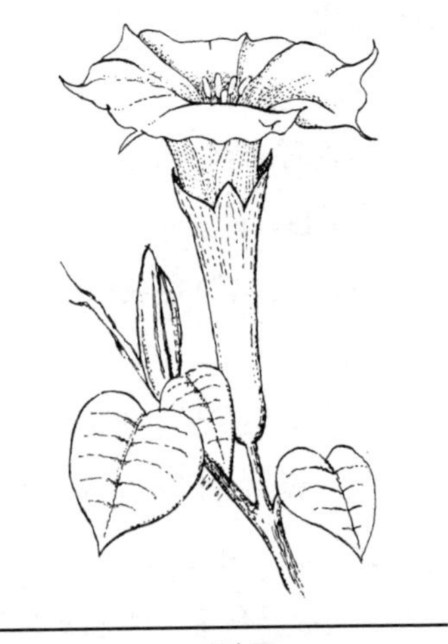

●曼陀罗

粉紫色的花就能吸引新的传粉者，比如夜行性的天蛾。借着加大花的体积、提供大量花蜜，且在白天继续开放，伯惠绣衣把蜂鸟也给吸引过来了。

不过那不是我们现在要谈的了。

只要是天蛾有兴趣的，罗布都有兴趣，比如说它们喜欢闻些什么。他学会了该如何记录天蛾触角的反应，发现它们什么都闻。

我们从来不知道事情原来是这样的，罗布觉得这一发现棒呆了。

在图森沙漠博物馆，罗布的太太和三个月大的儿子也加入了我们。就像所有父母一样，罗布喜欢跟宝宝说话，就好像小家伙每个字都听得懂，还可以用完整的句子做出回应："是的，我现在想换尿布。""不，我不累，虽然你希望如此。""对！夕阳是照得我眼睛很不舒服。"

夕阳在亮紫色、呈锯齿状的山后落下了，世界一片迷蒙。就像该出勤的飞行员一样，天蛾出现了，隐形一般在重重灰绿色的叶子和鬼魅般的花丛前穿过。

“嘿，快看快看！”罗布说。

我努力看着，但只看出翅膀闪过的痕迹，像连续时空中的一波小小涟漪。

“快看！”他激动地说着。

尽管看不到天蛾，我却能闻到花香和一些别的气味。那是一种脂粉般的甜香，让我想起祖母搽的胭脂，也让我想起她跟我们在卫理公会的教堂里，一起唱“我独自走过花园”（I Walk through the Garden Alone）和“荣耀归掌权者，归神的儿子，归圣灵”（Glory Be to the Power and to the Son and to the Holy Ghost）时，总是会跑调。所有零零碎碎的线索全都搅在一起，变成一系列复杂的回忆：她那彩色螺旋状花纹的羊毛衣裳，教堂里擦得雪亮的木头长凳，还有那里的音乐。

像变魔术般，罗布凭空捉住了一只天蛾，置于手掌中。我差点没拍手叫好。白条天蛾是昆虫版的蜂鸟，会振动翅膀，从花冠筒中吸食花蜜。那只蛾挣扎了一会儿。

“看它多结实有力啊！”罗布语带赞叹，“这家伙真壮！”

一只是个功夫英雄的蛾。

空气中弥漫着香气、性的气息、食物的味道，还有回忆。“你想知道的是什么？”我问他。

他愣了一下，英雄飞走了。

“我想知道天蛾怎样感知一朵花。”

大约在二十万年前，人类经过演化，开始运用想象力认识外在事物。大自然的阳光、树和草孕育出思想，但我们观察别的动物时不无戒心。今天能再度有这样的机会，我们感受到的却是欣喜。当我们在原野里意识到自己的聪明时，在家里就会觉得恬适自得。

我们仍在演化当中。最先进的科技往往产生于室内或实验室，那里总是堆满了我们所发明，但不全然了解的工具。罗布所在的亚利桑那大学实验室有气相色谱分析仪，能够分析花朵产生的化合物。计算机程序会记录下每种化合物的质谱，这就像是它们独一无二的指纹。程序再把每种化合物的质谱跟数千种已知化合物作对比，就可判别该化合物究竟是什么。尽管如此，还有几千种化合物是我们不认识的。

像所有制造香水的人一样，罗布已经训练出了用自己鼻子辨认香味的能力。他可以把气味这个外在经验跟一个特定分子配对，然后指出该分子对应的质谱。

人要活得像只蛾，恐怕最多也只能到这个地步了。

罗布喜欢当侦探。当他看到一朵花时，他会想：它里面有什么？为何它闻起来像葡萄或巧克力，却没有两者的任何成分？是什么使它发光？哪些气味较突出，掩盖了其他气味？哪些气味参与了合成新气味的过程？这气味对昆虫有什么意义？

一个问题引出下一个，最后衍生出六千多个问题。

蛾怎样感知一朵花？

花怎样感受一只蛾？

太多太多的诱因，让我们想从床上爬起来，一探究竟。

由于天蛾能对很多种香味做出回应，如果花想要改由天蛾传粉，大可不必费什么工夫。它不需要再特别制造某类特定的化合物，只要闻起来香就成了。有些植物加强了萼片和叶子发出的气味；有些把防御用的化合物加以变化；有些利用原有的蜜腺和花药；有些则演化出新的蜜腺。

现在罗布想知道，如果他把三种都是晚上开花，也都由蛾传粉，但分属于三个科别的花拿来比较，会有什么结果。这三种花分别是月见草、马铃薯或番茄，还有紫茉莉。这些植物在不同气候和土壤条件下，怎样做到改变策略，增加或减少香味？是不是演化出自体受精后，植物就失去了香味？香味还能回来吗？这些模式的出现是以科为单位吗？

柳叶菜科包括了超过六百五十个种，伯惠绣衣是其中之一。我正在图森博物馆观察其传粉行为的看起来弱不禁风的月见草也是。希腊神话中瑟斯女妖利用它将人变成猪的白色露珠草同样如此。

我们对这些植物所知并不多。我们研究的主要是农作物，目的也仅止于实用。紫茉莉依然如谜。曼陀罗依然如谜。白色露珠草依然如谜。

它是怎么把人变成猪的呢？

在研讨会帐篷式的会议中心里，五千个科学家聚在一起，连续六天都在讨论植物。我感到孤寂，感到怅然若失。

突然间我看到了罗布。我已经来会议中心一小时了，现在突然有个我认识的人，感觉倒像是变出来的。我真想鼓掌。

这类大型会议都有个阶层。著名科学家会在全体出席的会议场次中发表演讲。各场小型座谈会则由五六个科学家朗读并展示他们的论文，通常是些已经发表过的研究成果。海报展参展的通常是年轻一辈的科学家或研究生，他们谈论的内容较新，未经发表。研究是在一面海报板上发表的，作风平实。

这次会议中有超过一千张海报，悬挂在近两米高的广告牌上，隔出一条条可供人浏览的通道。罗布有张讲月见草和天蛾传粉关系的海报。他邀我周三早上九点到十点来看他，那个时段是排给海报编号是偶数的作者的，他们会站在海报前，向经过的人解说。然后调换顺序，改由海报编号为奇数的作者上场。

展览厅很大，有种飞机库的感觉。我一走进大厅就被迷住了，里面竟然有嗡嗡声，整个空气发出轰隆轰隆的声响。我进入了蜂巢一样的东西，一个由广告牌和海报组成的蜂巢，人们在其中讨论着花朵。蜂巢内很忙碌，很兴奋，好多工作都在进行。

并不是全部都跟科学有关。我晃来晃去，看到各种短语，“搬家”“一片讲求实际的田野”“他不是个好搭档”“我的论文委员会”“起薪”等。

不断有人进入新学校，找新工作，寻求他人指导，把自己的生活安插进蜂巢。于是，层层叠叠的知识构起了蜂巢。我几乎可以看到他们的头互相碰触，彼此闻一闻，交换了信息。

罗布的海报吸引了对月见草和天蛾有兴趣的男男女女。罗布·拉古索的热忱让他浑身带劲，深色的眼珠发出光芒。他刚在大学找到新工作，会教点书，但主要是做研究。他相信有一天，所有问题会归流成一个更大的课题，他相信这就是他的人生意义所在。

一个女人停下来看着罗布的海报。她也在研究花的演化及花香。她和罗布开始跳起交换信息的舞蹈。

第十五章
蓝玫瑰的炼金术

何不在每个花瓣上都加上一个黄色笑脸？以蓝色为底，点缀些红斑，再加上个黄色笑脸怎么样？

在鲜花公司工作的植物基因学家，梦想能创造一朵蓝玫瑰。

何不在每个花瓣上都加上一个黄色笑脸？以蓝色为底，点缀些红斑，再加上个黄色笑脸怎么样？

会不会太复杂了？

事实上，我们已经制造出了蓝色的玫瑰，我有张长椅上就铺满了这种花。随便一家百货公司都在卖某种样式的蓝玫瑰，还有各种人造形状的香味花朵。我很喜欢买这些东西。

但也许数量太多了点。

坦白说，我连花瓣过多、包住了整个心皮的双层玫瑰都不大欣赏。它跟其他精心栽培出的品种一样，都是由错误造成的。有个基因把错误信息送到本应长成雄蕊的地方，结果该长雄蕊的地方却接收到色素，变成了花瓣。在花瓣边缘，你仍然可以找到本来是花药的盖子，那原本是用来盛装花粉的。

很显然，这种突变会让花无法孕育后代，正常的情形下会死去。但几百年来，园艺家一直鼓励这种突变的发生，他们让不同的玫瑰杂交育种，制造出为数壮观的多余花瓣、新的色彩还有能够获奖的形状。

雄蕊很容易就变成花瓣，一朵正常玫瑰背后的演化概念正是如此：花瓣可能本是由萼片旁的雄蕊发展而来的。这样的突变是有益的，适当拥有几片色彩鲜艳的花瓣似乎更能吸引传粉者。其他花的花瓣更明显是由萼片本身演变过来的。

我们满心欢喜地拿玫瑰的生殖能力换取欣赏价值。但我们因此失去了香味，大部分的玫瑰闻起来再也不香甜了。事实证明，要通过杂交育种还原花香是很困难的。显然在花、传粉者、信息素和香气的世界里，好闻比好看牵涉的因素要复杂得多。

多数在私人庭院和公共造景里用的花，都经过杂交育种，以期看起来更美丽、更大、更高、开得更久、站得更直，看起来积极乐观，而且面露微笑。（微笑！）

大部分矮牵牛花或凤仙花的颜色，在原野或森林里都是看不到的。依照一位育种者的说法，有些颜色根本是为搭配人行道的砖头或非白色的边框而特别培育出来的。它们是人类意念促成的产物。我们把想要改变的植物，施以另一株也许是近亲植物的花粉，希望得到的杂交种能有我们想要的特质，成为更受市场欢迎的吊钟柳或是黄色凤仙花。

凤仙花是杂交育种的成功案例，但目前还没有黄色的品种。若有一颗这样的种子拿来做商业用途，将会很值钱。光是美国人，每年在开花植物和灌木上的开销就高达数十亿美元，大部分都是花在杂交种上面。而每年约有一千种新的杂交种引进鲜花市场。

许多花园和公共造景的花都是外来者。如果在天气炎热、干燥时来到某座城市观光，你将会看到产于世界各个炎热干燥地区的植物。来自巴西的花定居在洛杉矶，来自中国的花迁移到安娜堡。这些花通常也经过杂交育种，以更适应本地环境。

外来者繁殖得太成功，会有点危险。

不过这一切的确是很吸引人。我的天井里长满了叶子花和鹤望兰，顷刻间，我觉得自己像个夏威夷皇后。我为小池添了些荷花，当它的花瓣展开时，至高无上的神就会显现。我还种了萱草和色彩艳丽的木槿。这是个设计师的伊甸园，河山重组，生态系统混杂，想象力和眼前的植物同样逼真。天井里的植物丰富多姿，它们随着想象力和不属于自然的结合，随着人类的装腔作势颤动着。

当然，蓝玫瑰不是随随便便杂交配种就能得到的。矮牵牛花有个基因负责制造一种叫作花翠素的色素，鸢尾花、紫罗兰、牵牛花的蓝也是它制造的。一九九一年，一个鲜花公司复制了该基因，把它嵌入到玫瑰花里，但没有什么反应。这也许是因为该基因被玫瑰里的其他色素掩盖了，也可能是因为花翠素的分子只有在高 pH 值（酸性低）的环境下才会显现出蓝色，而大部分玫瑰花瓣的酸性都太高了。该公司现在希望找出控制花瓣内酸碱值的基因，或是把该品种跟天生酸性较低的玫瑰杂交。

该公司已经用他们复制且取得专利的蓝色基因，制造出了紫色的康乃馨，黑色康乃馨也即将上市。他们还有一种康乃馨，能在你家餐桌上的花瓶里待上一个月都不凋谢。

和其他任何一个杂交品种一样，紫色康乃馨在美国和欧洲上市，需要得到立法者的批准。这当然不是问题，显然这些立法者不认为一朵紫色康乃馨的基因物质会随便跑出来，转换到四周的植物里。基因改良过的康乃馨本身花粉并不多，而且埋藏在花的深处。此外，康乃馨一经剪下，就不会再制造花粉。更何况，即使（可能性极低）一个邻近的野生康乃馨的近亲，得到因基因改良后呈现紫色的亲戚授粉，而且成功孕育出有生殖力的种子——全新的紫色种子，还是会让人觉得："那又怎样？"

大众不太担心紫色康乃馨或蓝色玫瑰，但他们对基因改良作物的感觉就不同了。例如我们给农作物加入抗除草剂的基因，这样我们喷除草剂时就可以只杀死杂草。但令人担忧的是，该作物会跟附近植物杂交，产生出一种超级杂草，能抗药或抗害虫，或者，任何作物能抵抗的东西它都能抵抗。

甚至能抵抗某种我们意想不到的东西。

来自某种常见土壤细菌的基因已经接合到玉米上，创造出不怕玉米螟的作物。美国有几千平方千米的土地种植这种玉米，该基因同样也运用到马铃薯、番茄和棉花上。直到二十世纪九十年代末期，我们才知道这些经过改造的作物的花粉会毒害帝王蝶。

我们正插手自己不懂的关系。这早已不是新闻，从人类捡起石头，把它削成箭头时，我们就开始插手了。我们不顾一切想要改变这个世界。我们从不曾回顾。

我们就是这样。

我的花园不要蓝玫瑰，但我喜欢蓝色。我家附近的山上长了一种叫作鸭跖草的多年生草本植物，它的三片花瓣形成的三角边长约为二点五厘米，颜色比天蓝色深一点，比靛青淡一点，接近群青色。它在拂晓时开花，中午凋谢。花从一片叶子中伸出，看起来很细致；而叶子是卷起来的，越靠尾部越细。或许因为它那形似眼泪的叶子，有些人将它称为“寡妇之泪”。鸭跖草不会长一大丛，因此感觉很稀有。它突然就这样出现了，在草丛间闪烁。

我第一次，或者每次看到鸭跖草是什么感觉？它是这般优雅而独特，超乎我的理解，更超乎我的感知。鸭跖草是个美丽的蓝色之谜。如果你坚定地寻找，将在这花里看到上帝。你会感到全身通透，清明如玻璃。你甚至能隐隐知道自己以其他形式存在会是什么感觉。

蓝玫瑰并不是另一种形式的存在。它是件有趣，而且蓝得很漂亮的艺术品，也许放在花园里的某个角落，衬托着白墙，很搭调。但是跟天井里的砖摆在一起就不行了，如果放在叶子花旁边就更刺眼了。

身为作家和文化批评家的杰里米·里夫金一直在推广“基因术”（algeny）的理念，它是指“生命体精髓的改变”，跟中世纪的炼金术类似。

中世纪的炼金术士相信，所有的化学元素都可以转变成其他元素。自然是连续的，就像电扶梯一样可供我们搭乘。而且，所有的金属都可以转变为黄金。终极转化这个概念构成强有力的象征，揭示人类也可以升华成灵魂。

里夫金写道：

> 基因术艺术致力于改善现有的生物，并设计出全新的物种，意图让它们呈现最好的一面。但不仅止于此。它也是人类尝试定义人类和自然关系时赋予的玄学意义。基因术是一种对大自然的新思考，这种思考将开启历史的新纪元。

蓝玫瑰是新纪元的产物。

有了生物科技，玫瑰又能散发出香味了。一家鲜花公司把柑橘属植物的酵素基因嵌入玫瑰，玫瑰便散发出了柠檬香。迟早我们会把其他香味加入花中。蓝玫瑰可以闻起来像肉桂、烤面包，甚至是你第一个孩子擦过爽身粉的肌肤。

我们能够分离、复制基因，并把它放进其他植物的技术，已大大加速了各种研究。开白花的拟南芥已完成了基因定序，现在各地的科学家正把基因嵌入这种小小的芥菜，或把它的基因取出，看看会有什么结果。在同代的幼苗中，我们可以看出缺少某个基因，添加另一种基因，或保持这种基因不变，会有什么影响。

有种简称 ANT 的基因，专门控制花和叶子的大小。当它被嵌入植物的基因组时，植物长出的花和种子会变大；而当它被移出基因组时，制造出的花和种子就较小。

花的成长是我们对植物最不了解的部分之一。不过每天拼凑一点，关于它的知识就会与日俱增。我们知道某个基因的存在，会让花朵对生长激素做出回应。另一个基因若产生突变，则会让子房产生变化。还有，那个基因呢?

就这样，花的秘密一下就泄露光了。

将来，我们种的作物可以在我们选择的时间和环境下，以指定的方式开花。在自家花园中，我们可以控制花的颜色、花瓣的形状，还有关于花香的回忆。

蓝玫瑰必定会照着我们教它的去做。

我有时会感到矛盾。

洛杉矶有个花园，我时常会去逛逛。花园旁边是高速公路，花一排一排挤在一起，亮丽，比邻而居。有美国鹅掌楸、栀子花、倒挂金钟、绣球花、茉莉、紫藤、百合、凤仙花、长春花、百日菊、大丽花、马鞭草、雏菊、木槿，以及玫瑰、玫瑰、玫瑰、玫瑰。大部分的花都是杂交种，上面挂着牌子提醒我：这是植物专利法指定保护的植物，禁止无性繁殖。

这些植物很快就会进行基因改造。

我站在此地，附近全是花，不禁感动落泪。我已被兴奋之情感染。如此美丽，如此丰饶。美丽与丰饶，炼金术和基因术，所有魔术，一个接着一个，无止境地循环下去。我的心跳加速，心胸一片空明。

花搭上了自然的电扶梯，一级又一级，全速攀升。

第十六章

植物疗法

有些植物能拾取并吸收有毒金属，把它安全存放在茎和叶的细胞中，用来抵御昆虫或防止感染。这些植物现在被拿来清理被污染的土地。

我赤身坐在温泉里，水温是诱人的四十摄氏度，散发着浓浓的薄荷香。我的头顶是白杨和桤木的枝叶，黄色的悬崖从树的上方崩落，再往上望就是蓝天了。我滑入池水更深处，把头枕在岩石上，闯入了岸边由一朵小花、一只蚂蚁，还有一只它的同伴组成的演出小剧场。

我的朋友在旁边，也是赤身裸体。她苍白的腿不时动一动，扬起一阵泥，褐色的土染黑了她左半边的身体。这温泉是峡谷中许许多多温泉里的一个，世纪之交时，这里盖了家肺病疗养院，希望自然能医治病患。病人们冲着这里的阳光、空气，还有土地的力量而来，有些人痊愈了，有些没有。

几年后，疗养院关门了，土地被买来当作牧场，然后牧场也经营不下去了。二十世纪七十年代，一群嬉皮士买下了这块地，梦想着把这里变成一个无国界的社区——这也算另一种形式的治疗。这些嬉皮士的后代仍住在这儿，他们裸着身体走来走去，选定沐浴的温泉，然后泡一个长长的澡。

薄荷池那儿有个向北延伸的峡谷。友人和我决定沿着不过两层楼高的棕黄悬崖的下方走去。一条小河从圆形岩石和细柔的沙子间蜿蜒流过，我们光着身子、赤着脚，慢慢穿越一块又一块的岩石。一棵杜松伸出手来要抓我的肉，长得很高的草在阳光和石头的阴影间混战。一时间，我感到与世隔绝。

我们需要自然疗法。

我朋友说她不愿意让我写她的身体，所以我得写我的。我的身体没什么特别，我也用平常的眼光看待它，肚子软趴趴的，胸部还不错。我转个方向，发现了赘肉，感到不太自在。其实这没什么道理，除了我以外，没有人在看我。友人舒服地移动着赤裸的腿，她活在一个裸体是正常的世界里。

花直接用来治病，已有相当长的一段历史。我们的处方药里，有四分之一含有开花植物的某个部位或者其合成物。但另一方面，我们只研究过世界上百分之一植物的疗效。

民间医学里，马达加斯加的长春花是治疗糖尿病的药方。研究者着手研究这种花时，发现它的萃取物可以降低白血球指数，抑制骨髓的活动。实验分离出了两种化学物质，可用以对抗儿童白血病。有了这些药物，患病儿童的存活率由百分之十增加到百分之九十五。

几个世纪以来，非洲的行医者推崇一种叫作苦可乐树的植物的治感染能力。二十世纪九十年代，尼日利亚的研究人员发现，苦可乐树内的化合物可以抵抗埃博拉病毒。感染这种病毒的典型特征是能够置人于死地的大出血。它象征着所有我们面临的可怕疾病——突变的病毒，以及从丛林和其他被我们扰乱的地方冒出来的传染病。我们还没有防治埃博拉病毒的方法，苦可乐树可能是个救星。

在跟友人穿过新墨西哥某峡谷的路上，我们在一棵样貌邋遢的艾氏栎前停了下来，它灰绿色的叶子形状尖锐，叶缘锋利。只要是栎树或橡树，任何一部分都有防腐抗菌的效果。橡树是最基本的止血剂，可以清洗伤口，喉咙发炎时可以拿来漱口，割伤时可以当药膏。

我的四周全是跟人体有关或有治疗效果的植物。怒发冲冠的丝兰是一种类固醇；毛蕊花是一种温和的镇静剂，它的根则会增加膀胱的张力，避免尿失禁；杜松也可治疗膀胱炎；蓍草还能凝血。

我的身体跟杜松和蓍草的化学成分交织在一起，膀胱的状态跟毛蕊花的根有关系。

我们怎能质疑自己不是自然界的一员?

在每一个有植物的地方，我都能发现一箩筐具疗效的植物。在美国西部，月经阵痛时，我可以服用当归、矢车菊、白芷、月见草、甘草、益母草、欧薄荷、牡丹、普列薄荷、覆盆子、天竺葵或是龙艾；患扁桃腺炎时，我可以试试细点合蓟、牻牛儿苗、锦葵、委陵菜、灰毛紫草或鼠尾草；被晒伤了，就轮到吊钟柳和蓟罂粟派上用场；蓟罂粟的汁液也曾用来治疗角膜混浊，它同时也能治疗前列腺炎。

我站在崩落的黄色悬崖下，为自己没穿衣服感到难为情。我的软趴趴的肚子露在外面，虚荣心露在外面，拘谨也露在外面。除了在床上和沐浴时，我何曾像这样站着，一丝不挂?

在诊所里、医院中，当我陷于病痛中时，也唯有光着身体才能得到医治。我必须赤裸相见。

二十世纪前半叶，内科医生爱德华·巴赫发现自己对植物具有超人的敏感度。他靠近某些植物时会觉得平静放松，有些植物则会使他反胃。巴赫渐渐相信，如果把花朵的“液体能量”放入泉水，经阳光加热后，掺入些白兰地，能治疗人类最根本的情绪问题。他列举了三十八种花的疗法，大部分的花都可以在他家几公里的范围内找到。这些花针对“恐惧”“不确定感”“对眼前事物缺乏兴趣”“对外界的想法和影响过于敏感”“意志消沉”“过度替人着想”等毛病，共分成七类。

七种分类底下还有分支。猴面花主治的是可以言说的恐惧，而白杨的柔荑花序则对付来路不明的恐惧。铁线莲可以使活在梦中、非现实的人恢复正常，忍冬则把活在过去的人拉回现世。野板栗能够治愈被同一意念缠绕的女人，紫罗兰、凤仙花和石楠则是寂寞的建议处方。

“巴赫花精疗法”至今在市面上颇受欢迎。它的基本理念是我们的生化与细胞部分，能靠其他更微妙的能量调整到最佳状态。这种能量吸收在经络当中，中国人叫作“气”，印度人叫作“普拉纳”。花能影响这种能量流，产生波动，打通经络。它们能担任触媒的角色。

多年来，巴赫的原作已有增修。原来的名单上没有向日葵，而如今身为具有疗效的花，向日葵可以推荐给那些无法摆脱骄傲之心的人，对自尊心低落的人也有帮助。

“巴赫花精疗法”很容易成为笑柄。事实上，里面的方子可以说是充满自嘲口吻。但我不愿取笑它。至少，不想笑得太过火。

我把这一切视为隐喻，把隐喻看作我们思考和生活的基本元素。我相信向日葵可以治愈骄傲，也明确知道紫罗兰可以减轻我的寂寞。

植物修复（phytoremediation）这个词源自意指“植物”的“phyto”；而“remediation”指的是“修复治疗的行为”。植物修复是科学的新领域、市场的新商机。有些植物能拾取并吸收有毒金属，把它安全存放在茎和叶的细胞中，用来抵御昆虫或防止感染。这些植物现在被拿来清理被污染的土地。

在波士顿郊区一户人家的后院（小孩已被禁止在那里玩耍），高山菥蓂吸收着土地里的铅、锌和镉。大部分的植物无法忍受超过五百 ppm[1] 的锌含量，但高山菥蓂竟能储存达两万五千 ppm 的锌。在某废弃的锌提炼场，高山菥蓂吸收锌的比率，在第二、第三年还在继续增加。最后，已被污染的植物会被连根拔起，安全销毁。

（1） 译注：ppm 为“parts per million”的缩写，500ppm 即百万分之五百。

至于其他的开花植物，也有人正在考虑可以派上用场的地方。白杨已被用来清除地下水中的氯化溶剂，苜蓿可以用来清除石油。在印度，水生植物用来处理皮革加工厂产生的镉。有些植物可以去除土壤里易爆炸的化合物，比如黄色炸药TNT。曼陀罗能带走像铅之类的重金属，甘蓝菜能降低放射性粒子的含量。

向日葵也能吸收并储存放射性的物质。新泽西的一家公司用向日葵为生产铀元素的工厂去除污染，水培槽里的向日葵根成了废水的生物过滤系统。在切尔诺贝利进行的实验发现，发生辐射外泄的反应堆附近的池子里，有百分之九十五的放射性锶都被向日葵吸收了。一九九六年，美国和乌克兰的国防部在一个原是导弹地下发射井的地点，象征性地播下了向日葵的种子。

向日葵在美国仍是重要的经济作物，其经济价值在于种子及葵花子油。整个中西部都是大片大片的向日葵田，像是燃烧中的橙黄色旗子。

秘鲁的印加人过去把向日葵当作太阳和太阳神的象征来膜拜。

人们再次为向日葵倾倒，把它种在花园里。他们已然臣服，甘心再次俯首膜拜。

也许我们需要花的医治。

也许我们需要脱光衣服，让花瓣撒落肩膀、滑下肚皮、擦过大腿。也许我们需要赤身躺在长满野花的原野。也许我们需要赤裸走过美景。也许我们需要赤裸走过色彩。也许我们需要赤裸走过香气。也许我们应该赤裸走过性与死。也许我们需要感受肌肤上的美。也许我们应该置身无所不在的花丛间，走过花粉道。

我们仍旧闻得到我祖母花园里的香气。我的祖母依然活在这世上。

注释

墙缝里的花啊

我把你拉出缝隙

连根整株地握在手里

小花一朵

然而如果我能知道你是什么

根和整株

究竟是怎么一回事

那我应能明了

上帝为何

人类为何

——丁尼生（Lord Alfred Tennyson）

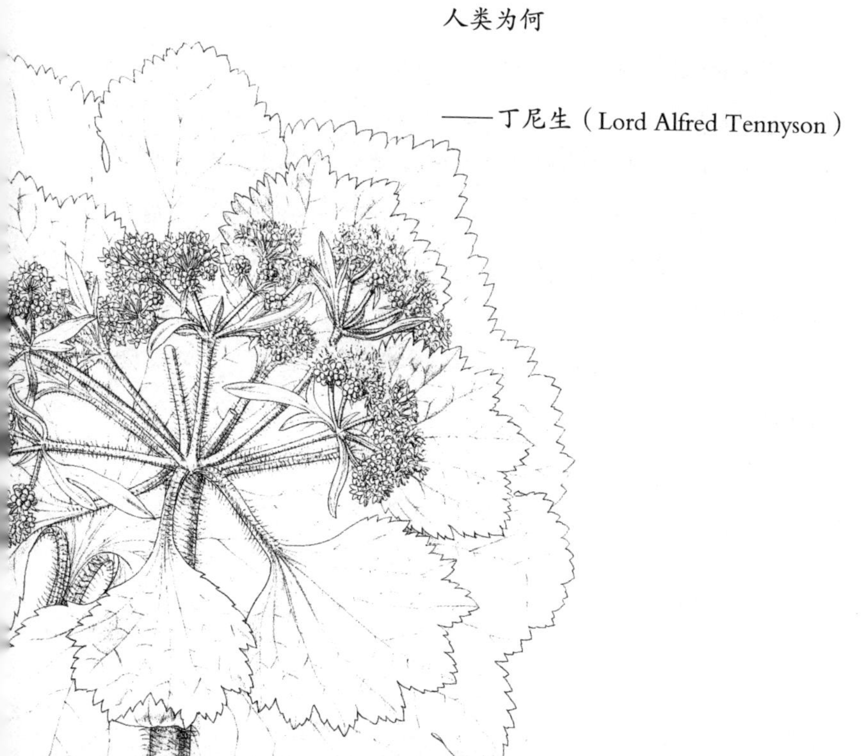

第一章 美的物理

1. 有关尼安德特人的丧葬资料，主要来自 Arlette Leroi-Gourhan, "The Flowers Found in Shanidar IV, a Neanderthal Burial in Iraq," *Science* 190 (November 1975)。

2. 引述安妮·迪拉德的话摘自她的散文集 *Teaching a Stone to Talk: Encounters and Expeditions* (New York: Harper Collins Books, 1982)。

3. 引述奥尔多·利奥波德的话出自 *Sand County Almanac* (New York: Oxford University Press, 1949)。

4. Frederick Turner, *Rebirth of Value: Meditations on Beauty, Ecology, Religion, and Education* (State University of New York Press, 1991)，对书中提到的主题或宇宙的趋势有更多论述。类似主题也可见 Brian Swimme and Thomas Berry, *The Universe Story: From the Primordial Flaring Forth to the Ecozoic Era* (San Francisco: Harper, 1992)。

5. 更多有关巨型蒟蒻的信息可以参考教科书和 Susan Milius, "The Science of Big, Weird Flowers," *Science News* 156 (September 11, 1999)。

6. 一本我常参考的大学用书是 Randy Moore et al., *Botany* (Wm. C. Brown, 1995)，"Leonardo the Blockhead" 一文，简介了向日葵螺旋状种子数的数学原理。这份参考资料通常称为 "the Fibonacci series"。

7. Andy Coghlan, "Sensitive Flower," *New Scientist*, September 26, 1998 漂亮地把有关花如何"看""闻""触""尝"的最新研究做了整理。还有许许多多其他人针对这个课题有过深入探讨，如 Stephen Day, "The Sweet Smell of Death," New Scientist, September 7, 1996; Garry C. Whitelan and Paul E. Devlan, "Light Signaling in Arabidopsis," *Plant Physiology Biochemistry* 36 (1998) issue 1-2; and Paul Simons, "The Secret Feelings of Plants," *New Scientist*, October 17, 1992。

8. 有关蝙蝠和花如何使用声呐传信，可以参考 Dagmar von Helversen and Otto von Helversen, "Acoustic Guide in a Bat-Pollinated Flower," *Nature*, April 29, 1999。

第二章　盲眼窥视者

1. 因脑伤而失去看见色彩能力的人，可参考 Oliver Sacks, *An Anthropologist on Mars* (New York: Alfred Knopf, 1995)。

2. Moore et al., *Botany* 给了我一段关于可见光谱还有花瓣色素功能的精彩描述。

3. Deni Brown, *Alba: The Book of White Flowers* (Portland, OR: Timber Press, 1989) 对白色花有完整详尽的介绍，包括白色花如何、又为何看起来是白色的。

4. 有关"瓦哈卡之花"的资料，可以参考 Rob Nicholson, "The Blackest Flower in the World," *Natural History* 108 (May 1999)。

5. Moore et al., *Botany* 中谈到了植物为什么不是黑色的。

6. 蜜蜂的资料有很多来源，例如 Karl von Frisch, *Bees: Their Vision, Chemical Senses, and Language* (Ithaca, N.Y.: Cornell University

Press, 1971); and *The Dance Language and Orientation of Bees* (Belknap Press, Cambridge, MA 1967)。

7. 想了解有关气味的历史和背景知识，可以参考 Georgii A. Mazokhin-Porshnyakov, *Insect Vision* (Plenum Press, New York, NY 1969)。

8. 还有一本很棒的书是我常推荐的：Friedrich G. Barth, *Insects and Flowcrs: The Biology of a Partnership* (Princeton, N.J.: Princeton University Press, 1991)。

9. 另一个针对昆虫行为和生理的重要参考来源是 Michael Proctor, Peter Yeo, and Andrew Lack, *The Natural History of Pollination* (Portland, OR: Timber Press, 1996)。

10. 拉尔斯·奇卡也提供了很多资料，是个大功臣。当今许多最前端的昆虫视力研究都出自他手，特别是关于蜂类看到的颜色方面。他跟本章关系最密切的著作，是 Lars Chittka and Randolf Menzel, "The Evolutionary Adaptation of Flower Colors and the Insect Pollinators' Color Vision," *Journal of Comparative Physiology A* 171 (1992); Lars Chittka, Avi Shmida, Nikolaus Troje, and Randolf Menzel, "Ultraviolet as a Component of Flower Reflections and the Color Perception of Hymenoptera," *Vision Resolution* 34, no. 11, p. 1489-1508 (1994); Lars Chittka and Nickolas Waser, "Why Red Flowers Are Not Invisible to Bees," *Israel Journal of Plant Sciences* 45 (1997); Peter Kevan, Martin Giurfa, and Lars Chittka, "Why Are There So Many and So Few White Flowers?" *Trends in Plant Sciences* I (August 1996); Lars Chittka, "Bee Color Vision Is Optimal for Coding Flower Color, but Flower Colors Are Not Optimal for Being Coded: Why?" *Israel Journal of Plant Sciences* 45 (1997); and Lars Chittka and Nickolas Waser, "Bedazzled by Flowers," *Nature*, August 27, 1998。

11. 本章原稿本来有更大的篇幅，讨论为何白花在蜜蜂眼里是绿色的，而为什么绿色的叶子看起来又会是灰的。原文如下：“会反射紫外线的白花其实很少见，大部分人类看起来是白色的花，比如雏菊，是吸收紫外线的。它们对蜂类来说不是白色的，因为它们并没有反射蜜蜂可见光谱内的所有的光。它们反射的是蓝和绿，所以蜂类看到的就是蓝和绿。对蜂类来说，雏菊绿色、锯齿状的叶子看起来说不定是灰的。一堆绿叶反射到蜂类眼里时，既一致又显得单调黯然。以人类来看，叶子在红光范围内吸收的光较多。”

12. 蜂类在花出现前就已经有了色彩视力，这个说法也是出自奇卡的研究，转述于 Kathleen Spiessbach, “The Eyes of Bees,” *Discover*, September 1996。奇卡的幽默和个人风格可以在他关于花朵颜色的文章《蜜蜂色彩模式》中看到：“但我们是怎样知道两亿年前的昆虫看到的世界是什么颜色的？制造时间机器的计划总是碰壁，想要证实这些资料实属不易，于是演化生物学者采用了种系对比分析的策略。”

13. 瓦泽（Nickolas Waser）也是本章和其他章的重要参考作者。一篇有关文章是 Nickolas Waser, Elvia Melendrez-Ackerman, and Diane Campbell, “Hummingbird Behavior and Mechanism of Selection on Flower Color in Ipomopsis,” *Ecology* 78, no. 8 (1998)。

14. 我也要提到 Beverly J. Glover and Cathie Martin, “The Role of Petal Shape and Pigmentation in Pollination Success in *Antirrhinum majus*,” *Heredity* 80:778-784 No.6, June 1998; Adrian Horridge, “Bees See Red,” *Trends in Ecology and Evolution* 13 (March 1998); and A. G. Dyer, “The Color of Flowers in Spectrally Variable Illumination and Insect Pollinator Vision,” *Journal of Comparative Physiology A* 183 (1998): 203-212 No. 2 August 1998。

15. Stephen L. Buchman and Gary Paul Nabhan, *The Forgotten Pollinators* (Washington, D.C.: Island Press, 1996)，对于授粉配搭的

应用与历史有精彩的论述。

16. Martha Weiss针对蝴蝶的授粉行为做了数量可观的研究。我参考了她关于燕尾蝶的研究，出自“Innate Color Preferences and Flexible Color Learning in the Pipevine Swallowtail,” *Animal Behavior* 53 (1997): 1043-1052 no.5。

17. 韦斯为我提供的“蜜蜂是昆虫世界里的智多星”，出自Susan Milius, “How Bright Is a Butterfly?” *Science News* 153 (April 11, 1998)。此书较前面的部分也说道：“蝴蝶常被侮辱，说它笨到没有办法从一朵湿的矮牵牛花找到出口。”

18. 此外，韦斯也为我提供了有关花如何变色的信息：Martha Weiss, “Floral Color Changes as Cues for Pollinators,” *Nature* 354, November 1991; and Martha Weiss, “Floral Color Change: A Widespread Functional Convergence,” *American Journal of Botany* 83, no. 2 (1995)。

19. 我也该提到Lynda F. Delph, “The *Evolution* of Floral Color Change Pollinator Attraction Versus Physiological Constraints in Fuchsia Excorticata,” Evolution 43, no. 6 (1989)。

第三章　玫瑰香

1. 这一章能完成，有两本书功不可没：D. Michael Stoddart, *The Scented Ape: The Biology and Culture of Human Odor* (New York: Cambridge University Press, 1990); and Diane Ackerman, *A Natural History of the Senses* (New York: Random House, 1990)。前者讨论到人类如何去除自己天然的体味，而人类文化又是如何使用了气味和香水，后者也就同一主题进行了论述。

2. Roman Kaiser, *The Scent of Orchids: Olfactory and Chemical Investigations* (Basel, Switzerland: Elsevier, 1993) 以及其他有关书籍文章，让我对花制造香味的方法有了更深的认识。Rob Raguso, “Floral Scent Production in *Clarkia breweria*,” *Plant Physiology* 116 (1998): 599-604 no. 2 为我提供了花朵释放气味的实例。

3. 我对动物如何侦测到香味的了解，主要来自 Konrad Colbow, ed., *R.H. Wright Lectures on Insect Olfaction* (Burnaby, B.C. Canada, Simon Fraser University, 1989); and T. L. Payne, M. C. Birch, and C. E. J. Kennedy, eds., *Mechanisms in Insect Olfaction* (Oxford, England: Clarendon Press, 1986)。

4. B. S. Hansson, “Olfaction in Lepidoptera,” *Experientia* 51 (1995) 也给了我些帮助。

5. 很多书都讨论到花与传粉者的专一性，而瓦泽坚定地提醒我，这还是个尚待进一步研究的观念。我由他的两部著作入手。“Flower Constancy: Definition, Cause, and Measurement,” *American Naturalist* 127 (May 1986); and “The Adaptive Nature of Floral Traits, Ideas and Evidence,” *Pollination Biology*, edited by Leslie Real (Orlando, FL.: Academic Press, 1983)。

6. 谈论昆虫觅食和嗅闻行为的文章包括 M. Giurfa, J. Nunez, and W. Backhaus, “Odor and Color Information in the Foraging Choice Behavior of the Honeybee,” *Journal of Comparative Physiology A* 175 (1994): 773-779; Martin Hammer and Randolf Menzel, “Learning and Memory in the Honeybee,” *Journal of Neuroscience* 15 (March 1995); and B. Gerber et al., “Honey Bees Transfer Olfactory Memories Established During Flower Visits to a Proboscis Extension Paradigm in the Laboratory,” *Animal Behavior* 52, 1079-1085 no. 6, (1996)。

7. 全球农业的资料，主要来自*Collier' s Encyclopedia*, s.v. "Agriculture." Vol. 21 (out of 24), New York: P.F. Collier, 1984。

8. 关于性和食物的交互作用，还有些其他的段落给了我很大帮助，如Elizabeth A. Bernays, ed., *Insect-Plant Interactions*, vol. 5 (Boca Raton, Fl.: CRC Press, 1994)。H. Dobson, "Floral Volatiles in Insect Biology" 内容完整翔实，更是解决我不少疑惑。

9. 蛾和象的信息素有共通之处，参考自Stephen Day, "The Sweet Scent of Death," *New Scientist*, September 7, 1996, and comes from the research done by Bers Rasmussen at the Oregon Graduate Institute of Science and Technology。

10. Stoddart, *The Scented Ape*里讲到女人和麝香的实验，同时对于跟人体类固醇相似的花的化合物，有更深入的介绍。

11. 有关巨型蒟蒻和食蝇芋的资料，很多书里都可以找到，例如David Attenborough, *The Private Life of Plants: A Natural History of Plant Behavior* (Boston: Compass Press, 1995)。另一个简介性质的参考资料是Bastiaan Meeuse and Sean Morris, *The Sex Life of Plants* (New York: Faber Publishers, NY, 1984)。这些书也谈到很多闻起来像真菌、雌性胡蜂之类生物的花。"男扮女装"的故事在这些书和其他很多书里都有谈到。我参考的其他文章还包括Marlies Sazima et al., "The Perfume Flowers of *Cyphomandra* (Solanaceae): Pollination by Euglossine Bees, Bellows Mechanism, Osmophores, and Volatiles," *Plant Systematics and Evolution* 187,(1993): 51-88。

12. Florian P. Schiestl et al., "Variation of Floral Scent Emission and Post-Pollination Changes in Individual Flowers," *Journal of Chemical Ecology* 23, no. 12 (1997)，是众多讨论这一主题的文章之一。

13. M. Gierfa, "The Repellent Scent Mark of the Honeybee

Apis mellifera ligustica and Its Role as Communication Cue During Foraging," *Insect Society* 40 (1993)，提到有些蜂有写“备忘录”的习惯。

14. Ackerman, *Natural History of the Senses*，说“欢乐”是世上最名贵的香水。

第四章 未来的面貌

1. 我要谢谢我的邻居种了西番莲。

2. Peter Bernhardt, *The Rose's Kiss: A Natural History of Flowers* (Washington, D.C.: Island Press, 1999)，里面有关花的形状的论述，相当精彩。他也让我知道了植物学家在谈论花时会用的词汇。本书中有引用的部分出自“The Pig in the Pizza”。

3. Moore et al., *Botany* 也把花的各部位剖析得很清楚。

4. 有关演化的段落特别难写，题目本身相当复杂。我参考了好几本书，如 Niles Eldredge, *Life in the Balance: Humanity and the Biodiversity Crisis* (Princeton, N.J.: Princeton University Press, 1998); Niles Eldredge, *Fossils: The Evolution and Extinction of Species* (New York: H. N. Abrams, 1991); and E. O. Wilson, *The Diversity of Life* (New York: W. W. Norton and Company, 1992)。针对这一题材，也可参考 David Quamman, *The Song of the Dodo* (New York: Scribner, 1996)。

5. 猴面花的最新研究出自 Susan Milius, "Monkeyflowers Hint at Evolutionary Leaps," *Science News* 156 (October 16, 1999)。蜂鸟的喙是如何演化成配合花冠，见于 Ethan Temeles and Paul Ewald, "Fitting the Bill?" *Natural History* 108 (May 1999)。

6. 以下的书帮了不少忙。R. Dawkins and J.R. Krebbs, “Arms Races Between and Within Species,” *Proceedings R. Society of London B* 205, 489-511(1979); Candace Galen, “Why Do Flowers Vary?” *Bioscience* 49(August 1999); Graham Pyke, “Optimal Foraging in Bumblebees and Co-evolution with Their Plants,” *Oecologia* (Berl.) 36. 281-293, (1978)。

7. 达尔文的话是从他一八五九年出版的《物种起源》中摘录出来的，转载于 Friedrich Barth, *Insects and Flowers*。

第五章　花间情事

1. Lack, *Natural History of Pollination*; Barth, *Insects and Flowers*; Bernhardt, *The Rose' s Kiss*; Moore et al.,*Botany*; Karl Niklas, “What' s So Special about Flowers?” *Natural History* 108 (May 1999) 等对花的性的描写，给了我很大帮助。同时我也推荐 Karl Niklas, *The Evolutionary Biology of Plants* (Chicago: University of Chicago Press, 1997); Bob Gibbons, *The Secret Life of Plants* (Blandford, London, England, 1990)。

2. 瓦泽提醒我在讨论自然选择理论时，要避开一些争议，并且提醒我性的实用和功能都还只是理论。在他的鼓励下，我查阅了一些文章，如 F. F. Green and D. L. G. Noakes, “Is a Little Bit of Sex as Good as a Lot?” *Journal of Theoretical Biology* 174, 87-96 (1995); Harris Bernstein, Gregory S. Byers, and Richard Michod, “Evolution of Sexual Reproduction: Importance of DNA Repair, Complementation, and Variation,” *American Naturalist* 117(April 1981); D.G. Lloyd, “Benefits and Handicaps of Sexual Reproduction,” *Evolutionary*

Biology 13, 69-111(1980); L. Nunney, "The Maintenance of Sex by Group Selection," *Evolution* 43 (1989) 245-257; and Nickolas Waser and Mary Price, "Population Structure, Frequency-Dependent Selection, and the Maintenance of Sexual Reproduction," *Evolution* 36 (1982)。

3. 我还阅读了更多科普文章，像是 Bryant Furlow, "Flower Power," *New Scientist*, January 9, 1999。

第六章　夜在燃烧

1. 这一章的资料很多都是澳大利亚阿德莱德大学（University of Adelaide）环境生物学系的西摩教授提供的。他的著作包括 "Plants That Warm Themselves," *Scientific American*, March 1997; "Analysis of Heat Production in a Thermogenic Arum Lily, *Philodendron selloum*, by Three Calorimetric Methods," *Thermochimica Acta* 193 (1991), 91-97。我也读了 Roger Seymour, George Bartholomew, and Christopher Barnhart, "Respiration and Heat Production by the Inflorescence of *Philodendron selloum* Koch," *Planta* 157 (1988); Roger Seymour and Paul Schulz-Motel, "Thermoregulating Lotus Flowers," *Nature*, September 26, 1996; Roger Seymour and Paul Schulz-Motel, "Temperature Regulation Is Not Associated with Odor Production in the Dragon Lily (*Dracunculus vulgaris*)" (poster presented at Sixteenth International Botanical Congress, St.Louis, Mo., August 1999); Roger Seymour and Amy J. Blaylock, "Switching of the Thermostat: Thermoregulation by Eastern Skunk Cabbage (*Symplocarpus foetidus*)" (poster presented at

Sixteenth International Botanical Congress, St.Louis, Mo., August 1999)。

2. 另外几篇文章也派上了用场。包括 Bastiaan Meeuse and Ilya Raskin, "Sexual Reproduction in the Arum Lily Family, with Emphasis on Thermogenicity," *Sexual Plant Reproduction* (1998) 1: 3-15; Gerhard Gottsberger and Ilse Silberbauer-Gottsberger, "Olfactory and Visual Attraction of *Eriscelis emarginata* (Cyclocephalini, Dynastinae) to the Inflorescences of Philodendron selloum (Araceae)," *Biotropica* 23, no. 1(1993); Hanna Skubatz, William Tang, and Bastiaan Meeuse, "Oscillatory Heat Production in the Male Cones of Cycads," *Journal of Experimental Botany* 44 (February 1993); and Bastiaan Meeuse, "The Voodoo Lily," *Scientific American*, July 1996。

第七章　鬼把戏

1. 朱迪丝・布朗斯顿是位演化生物学教授，出版作品有 Judith Bronstein, "Our Current Understanding of Mutualism," *Quarterly Review of Biology* 69 (March 1994); Judith Bronstein, John F. Addicott, and Finn Kjellberg, "Evolution of Mutualistic Life-Cycles: Yucca Moths and Fig Wasps," in *Insect Life Cycles: Genetics, Evolution, and Co-ordination*, edited by Francis Gilbert (New York: Springer-Verlag, 1990); and Judith Bronstein and Yaron Ziv, "Costs of Two Non-Mutualistic Species in a Yucca/Yucca Moth Mutualism," *Oecologia* (1997) 112: 379-385。

2. 其他资料来源包括 Olle Pellmyr and Chad Hurth, "Evolutionary

Stability of Mutualism Between Yuccas and Yucca Moth," *Nature*, November 17, 1994; M. C. Ansteet, Judith Bronstein, and M. Hossart-McKay, "Resource Allocation: A Conflict in the Fig/Fig Wasp Mutualism," *Journal of Evolutionary Biology* 9, 417-428 (1996); Judith Bronstein, Didier Vernet, and Martine Hossart-McKey, "Do Wasp Figs Interfere with Each Other During Oviposition?" *Entomologia Experimentalis et Applicata* 87: 321-324(1998); Susan Milius, "How Moths Tell if a Yucca' s a Virgin," *Science News* Vol. 156 (July 3, 1999); Jerry Powell, "Interrelationship of Yuccas and Yucca Moth," *Trends in Evolution and Ecology* 7 (January 1992); and A. J. Tyre and J. F. Addicott, "Facultative Non-mutualistic Behavior by an 'Obligate' Mutualist: 'Cheating' by Yucca Moths," *Oecologia* (1993) 94: 173-175。

3. Stephen Buchman and Gary Paul Nabhan, *The Forgotten Pollinators*，对丝兰和丝兰蛾间的伙伴关系，有精彩描述。

4. 达尔文的话是从他的《物种起源》中摘录出来的。

5. 会欺骗的传粉者比行骗的植物少，这段话引自 Jorge Soberon Mainero and Carlos Martinez del Rio, "Cheating and Taking Advantage in Mutualistic Association," in *The Biology of Mutualism*, edited by Douglas Boucher (New York: Oxford University Press, 1985)。同批作者也讨论到"占便宜者"（aprochevado）的现象。

6. 布罗迪给我介绍了好几篇有关偷、抢花蜜的文章，包括 Alison Brody and Rebecca lrwin, "Nectar Robbing Bumblebees Reduce the Fitness of Ipomopsis aggregata (Polemonicea)," *Ecology*, in press; Alison Brody and Rebecca lrwin, "Nectar Robbing in Ipomopsis aggregata: Effects on Pollinator Behavior and Plant Fitness,"

Oecologia (1998) 116: 519-527; and Alison Brody, "Effects of Pollinators, Herbivores, and Seed Predators on Flowering Phrenology," *Ecology* 78(6) 1997 pp. 1624-1631 no. 6。

7. Meeuse and Morris, *The Sex Life of Plants* 谈到了各种花的陷阱、骗术，还有模仿行为。本书也描述了好几种“杀手”般的天南星科植物。会淹死无辜食蚜虻的睡莲（*Nymphaea capensis*）这本书也有提到。这种植物也出现在其他著作中，如 Ethan Temeles and Paul Ewald, "Fitting the Bill," *Natural History* 108 (May 1999)，其中有个小专栏讲花的狠毒，很精彩。

8. 谈雏菊和行军虫的是 Dennis Bueckert, "Plant Warfare," *Canadian Geographic*, July 1994。

9. 蚂蚁担任的授粉角色可参阅 Proctor, Yeo, and Lack, *The Natural History of Pollination*。

10. Douglas Boucher, "The Idea of Mutualism, Past and Future," in *The Biology of Mutualism*, edited by Douglas Boucher (New York: Oxford University Press, 1985)，把政治和科学定义的互利共生连在一起。

11. 本章有个引言没有注明出处，其作者是瓦泽，他的研究可见于很多文章，其中有几篇已在前面的书目提过了。还没提到的有 Nickolas Waser and Mary Price, "What Plant Ecologists Can Learn from Zoology," *Perspectives in Plant Ecology, Evolution, and Systematics* Vol. 1/2 pp. 137-150, 1998; Nickolas Waser et al., "Generalization in Pollination Systems and Why It Matters," *Ecology* 77 (June 1996); and Nickolas Waser, "Pollen Shortcomings," *Natural History* 7, no. 93 (1984)。

第八章　光阴

1. 有关物理的、钟的例子，还有分隔两地的双胞胎等主要资料，都出自史蒂芬·霍金的作品《时间简史》。

2. 很多书都谈到了仙人柱。我用了 Gary Paul Nabhan, *Desert Legends: Re-storying the Sonoran Borderlands*, with photography by Mark Klett (New York: Henry Holt and Company, 1994)。引用的部分包括“丑小鸭”这名字，还有“魅力有如来自枯枝的拥抱”这样的形容词。他也提到自己第一次见到仙人柱的花时，一时以为那是丢弃的手电筒。我也查阅并引用了 Susan Tweit, *Seasons in the Desert: A Naturalist’s Notebook* (San Francisco: Chronicle Books, 1998)。

3. 若想进一步了解银城的历史和各种宴会，可以造访银城博物馆。该馆的负责人是声誉极高的 Susan Berry。

4. Bernhardt, *The Rose’s Kiss*，对花的生命历程有多处精彩的描写和剖析。

5. 要想更深入地了解龙舌兰，可参考 Tweit, *Seasons in the Desert*, and Nabhan, *Desert Legends*。

第九章　旅人

1. 有关花粉的精彩论述，可参见 Bernhardt, *The Rose’s Kiss*; Barth, *Insects and Flowers*; and Proctor, Yeo, and Lack, *The Natural History of Pollination*。

2. “一层细密独特的自己”引自 Douglas Boucher, ed., *The Biology of Mutualism* (New York: Oxford University Press, 1985)。

3. 其他参考书包括 S. Blackmore and I. K. Ferguson, eds., *Pollen*

and Spores: Form and Function (Orlando, Fl.: Academic Press, 1985), particularly the chapter by W. Punt, "Functional Factors Influencing Pollen Form" ; and Irene Till-Bottraud et al., "Selection of Pollen Morphology: A Game Theory Model," *American Naturalist* 144 (September 1994)。

4. 尼安德特人葬礼的资料主要来自 Arlette Leroi-Gourhan, "The Flowers Found in Shanidar IV, a Neanderthal Burial in Iraq," *Science* 190 (November 1975)。

5. 有关德国发生的谋杀案，我读了 R. Szibor et al., "Pollen Analysis Reveals Murder Season," *Nature* 395 (October 1998)。这件事发生的大概过程可见 Meredith Lane et al., "Forensic Botany," *BioScience* 40 (January 1990)。

6. 都灵裹尸布的资料可见 Avinoam Danin, "Traces of Ancient Flower Pollen on the Shroud of Turin: New Botanical Evidence to Date and Place the Burial Cloth of Jesus of Nazareth" (media presentation at the Sixteenth International Botanical Congress, St. Louis, Mo., August 1999)。很多报纸文章也有谈到相同主题，如 Jack Katzenell, "Plant Cues Place Shroud in Holy Land," *Albuquerque Journal*, June 16, 1999。

7. 有关振动传粉，我读了 Stephen Buchman, "Buzz Pollination in Angiosperms," in *Handbook of Experimental Pollination Biology* edited by Eugene Jones and John Little (Princeton, N.J.: Princeton University Press, 1983); and Susan Milius, "Color Code Tells Bumblebees Where to Buzz," *Science News* 155 (April 3, 1999)。

8. 有些前面提过的书籍文章谈到了蜜蜂的生活史。我很喜欢 Susan Brind Morrow, "The Hum of Bees," *Harper' s Magazine*, September

1998。

9. 纳瓦霍的诗摘自 Margaret Link, ed., *The Pollen Path: A Collection of Navajo Myths* (Stanford, Calif.: Stanford University Press, 1956)。

第十章　一个屋檐下

1. Andy Coghlan, “Sensitive Flower” in *New Scientist* (September 26, 1998) 对目前针对花如何“看见”“闻到”“触摸”和“品尝”的最新研究，做了整理。还有数量众多的文章谈论相关课题，例如 Stephen Day, “The Sweet Smell of Death,” *New Scientist*, September 7, 1996; Garry C. Whitelan and Paul E. Devlan, “Light Signaling in *Arabidopsis*,” *Plant Physiology Biochemistry* 1998 36 (1-2) 125-133; and Paul Simons, “The Secret Feelings of Plants,” *New Scientist*, October 17, 1992。

2. 关于植物遇到暴雨时的反应，可参考 Stephen Young, “Growing in Electric Fields,” *New Scientist*, August 32, 1997。

3. Autar K. Matoo and Jeffrey C. Suttle, eds., *The Plant Hormone Ethylene* (Boca Raton, Fl.: CRC Press, 1988)，提供了有关激素的重要参考资料。Bernhardt, *The Rose’ s Kiss* 也讨论了促使花朵开始发育的因素。

4. 为了解植物的相互沟通，我特别参阅了 Jan Bruin, Maurice W. Sabelis, and Marcel Dicke, “Do Plants Tap SOS Signals from Their Infested Neighbors?” *Trends in Evolution and Ecology* 10 (April 1995); Irene Sconle and Joy Bergelson, “Interplant Communication Revisited,” *Ecology* 76 (December 1995); Marcel

Dicke et al., "Jasmonic Acid and Herbivory Differentially Induce Carnivore-Attracting Plant Volatiles in Lima Bean Plants," *Journal of Chemical Ecology* 25, no.8 (1999)。

5. 想对花的社群有基本认识，可参阅 Proctor, Yeo, and Lack, *The Natural History of Pollination*。若想了解"化感作用"，可参考的教科书很多，包括Moore et al., *Botany*, and in articles like Gail Dutton, "Yo Buddy-Outa My Space," *American Horticulturist*, Vol.72 March 1993; and Chang-hung Chou, "Roles of Allelopathy in Plant Biodiversity and Sustainable Agriculture," *Critical Reviews in Plant Sciences* 18, no. 5 (1999)。

6. 讨论植物如何使用根的文献包括 Dutton, "Yo Buddy-Outa My Space"; A. Tayler, J. Martin, and W. E. Seel, "Physiology of the Parasitic Association Between Maize and Witchweed (Striga hermonthica)," *Journal of Experimental Botany* 47, no. 301 (1996); and Charles Mann "Saving Sorghum by Foiling the Wicked Witchweed," *Science*, August 22, 1997。

7. James Tumlinson, W. Joe Lewis, and Louside E. M. Vet, "How Parasitic Wasps Find Their Hosts," *Scientific American*, March 1993 等著作则讨论植物和胡蜂之间的关系。

8. 锈菌的模仿行为，我查阅了 Robert Raguso and Barbara Roy, "Floral Scent Production by Puccinia Rust Fungi That Mimic Flowers," *Molecular Ecology* (1998) 7: 1127-1136; and Barbara Roy, "Floral Mimicry by a Plant Pathogen," *Nature* 362, March 1993。

9. 很多教科书都有谈到贝氏拟态和缪勒拟态。我也读了些文章，像是 Barbara Roy and Alex Widmer, "Floral Mimicry: A Fascinating yet Poorly Understood Phenomenon," *Trends in Plant Sciences*

4 (August 1999); James Marden, "Newton's Second Law of Butterflies," *Natural History* Vol. 1 (January 1992); Lori Oliwens, "Royal Flush," *Discover*, January 1992 ; James Brown and Astrid Kodric-Brown, "Convergence, Competition, and Mimicry in a Temperate Community of Hummingbird-Pollinated Flowers," *Ecology* 60, no. 5 (1979)。

10. 关于达尔文和华莱士的争议，可参考 Quamman, *The Song of the Dodo*。本书也记载了贝茨和华莱士的探奇旅程。我也读了 Henry Bates, *The Naturalist on the River Amazon: A Record of Adventures, Habits of Animals, and Sketches of Brazilian and Indian Life* (Dover Publications, 1975); and Mea Allan, *Darwin and His Flowers: The Key to Natural Selection* (Taplinger Press, 1977)。

第十一章　巴别塔与生命之树

1. 本章的重要参考书籍是 William Stearn, *Botanical Latin* (Hafner Publishers, 1966); Moore et al., Botany; and Tod F. Stuessy, *Plant Taxonomy: The Systematic Evaluation of Comparative Data* (New York: Columbia University Press, 1982)。

2. 有关林奈的资料来源很多，包含 Tore Frangsmyr, ed., *Linnaeus: The Man and His Work* (Science History Publications, 1994) and Bil Gilbert, "The Obscure Fame of Carl Linnaeus," *Audubon* Vol. 86 (September 1984)。

3. 为了取得分类学的最新资料，在第十六届国际植物学研讨会上，我出席了有关这个主题的几个场次（一九九九年八月，密苏里州圣路易斯）。我也读了 Brent Mishler, "Getting Rid of Species," in *Species: New Interdisciplinary*

Essays (Cambridge, Mass.: MIT Press, 1999); and Rick Weiss, "Plant Kingdoms' New Family Tree," *Washington Post*, August 5, 1999; Susan Milius, "Should We Junk Linnaeus?" *Science News* 156 (October 23, 1999); William Stevens, "Rearranging the Branches on a New Tree of Life," *New York Times*, September 23, 1999; and Glennda Chui, "Tree of Life Proposal Divides Scientists," *Mercury News*, September 23, 1999, as quoted on the Deep Green Web page, http://ucjeps.herb.berkeley.edu, with additional keywords "bryolab" and "greenplantpage" ; "Team of Two Hundred Scientists Presents New Research That Reveals Full Tree of Life for Plants" (press release prepared by International Botanical Congress, August 4, 1999); and Jeff Doyle, "DNA, Phylogeny, and the Flowering of Plant Systematics," *BioScience* 43 (June 1993)。

第十二章　花与恐龙

1. 像是绿色植物起源于淡水而非盐水等演化的最新观念，我是从参加该研讨会的几个主要场次得知的。相关资料也可以参见 Kathryn Brown, "Deep Green Rewrites Evolutionary History of Plants," *Science Magazine* 285 (September 1999), listed on the Deep Green Web page。

2. Loren Eiseley' s essay "How Flowers Changed the World" was republished as a book by the same title, with photographs (San Francisco: Sierra Club Books,1996)。

3. Bernhardt, *The Rose' s Kiss*; and Moore et al., *Botany* 将花

的演化故事娓娓道来。

4. Else Marie Friis, William G. Chaloner, and Peter R. Crane, eds., *The Origins of Angiosperms and Their Biological Consequences* (New York: Cambridge University Press, 1987) 是重要参考书，特别是以下几章 Else Marie Friis, William G. Chaloner, and Peter R. Crane, “Introduction to Angiosperms” ; Peter R. Crane, “Vegetational Consequences” ; Else Marie Friis and William Crepet, “Time and Appearance of Floral Features” ; William Crepet and Else Marie Friis, “The Evolution of Insect Pollination” ; M. J. Cow et al., “Dinosaurs and Land Plants.”

5. 也可参阅 Conrad C. Labandeira, “How Old Is the Flower and the Fly?” *Science* 280 (April 3, 1998); Ge Sun et al., “In Search of the First Flower,” *Science* 282(November 27, 1998); Peter R. Crane, Else Marie Friis, and Raj Pedersen, “The Origin and Early Diversification of Angiosperms,” *Nature*, March 2, 1995; Ollie Pellmyr, “Evolution of Insect Pollination and Angiosperm Diversification,” *Trends in Evolution and Ecology* 7 (February 1992); and David Winship Taylor and Leo Hickey, “An Aptian Plant with Attached Leaves and Flowers,” *Science* 247 (February 9, 1990)。

6. 新泽西发现的花的化石，记载于 William Crepet, “Early Bloomers,” *Natural History* 108 (May 1999); and Carol Yoon, “In Tiny Fossils, Botanists See a Flowery World,” *New York Times*, December 21, 1999。

7. 恐龙时期的植物景观是我在研讨会上学到的。相关场次包括 Peter R. Crane, “Plants and Flowers from the Age of Dinosaurs: New Discoveries and Ancient Flowers” (talk given at the congress)。

8. 很多书籍文章都谈到恐龙灭绝的原因以及相关争议。可参考 Carl Zimmer, “When North America Burned,” *Discover*, February 1997; Frank DeCourten, *The Dinosaurs of Utah* (Salt Lake City: University of Utah Press, 1998); and Tim Haines, *Walking with Dinosaurs* (BBC Worldwide, 1999)。

9. Kirk Johnson, “Leaf Fossil Evidence for Extensive Floral Extinction at the Cretaceous-Tertiary Boundary, North Dakota, USA,” *Cretaceous Research* (1992) 13, 91-117 专门讨论了 KT 界线和当时的植物绝种情形。

10. 想了解大灭绝和生态地位的缺落（empty niches），可以参考 Eldredge, *Fossils*，书中对生态失衡有详尽的介绍。

11. 无油樟的故事是有人在同年研讨会上报告的。Susan Milius, “Botanists Uproot Their Old Tree of Life,” *Science News* 156 (August 7,1999) 谈论的也是这一主题。

第十三章　第七次大灭绝

1. 当地及全国性报纸提供了一九九九年夏天热浪的种种统计数据。可参考 Bob Herbert, “When Summer Turns Deadly,” *New York Times*, August 8,1999。

2. 几篇同年研讨会的新闻稿提供了有关绝种的重要资料。包括 “World’s Biodiversity Becoming Extinct at Levels Rivaling Earth’s Past Mass Extinctions” “Nearly Half of Earth’s Land Has Been Transformed by Humans: Fifty Dead Zones Found in Oceans” and “World Conservation Union (IUCN) Mobilizes International Team of Experts to Save Plant Species”。很多人也发表了有关物种

灭绝和人类如何造成灭绝的研究(e.g., Peter Raven [president of the congress], “Mass Extinction of the Earth’ s Plant Species: Can We Prevent It?” ; Jane Lubchenco, “The Human Footprint on Earth: New Research” ; Mike Wingfield, “Alien Invasions: Combating Aggressive Takeovers” ; David Brackett, “Survival of Plant Species: A Plan of Action for the New Millennium” ; and Gregory Anderson, “Threatened Islands: Storehouses of Biological Treasures”)。还有很多场次都跟本主题有关。

3. 书籍方面可参阅 David Quamman, “Planet of Weeds,” *Harper ’s Magazine*, October 1988。要想更多了解岛屿生物的灭绝情况，绝不可错过 Quamman, *Song of the Dodo*。

4. 要想深入了解植物的灭绝情况，可参考 Sally Deneen, “Uprooted,” *E: The Environmental Magazine* 10 (July 1999); Carol Kearns, David Inouye, and Nickolas Waser, “Endangered Mutualisms: The Conservation of Plant Pollinator Interactions,” *Annual Review of Ecology Systematics* 29, 1998, 83-112; Fred Powledge, “Biodiversity at the Crossroads,” *Bioscience* 48 (May 1998); and Carol Kearns and David Inouye, “Pollinators, Flowering Plants and Conservation Biology,” *BioScience* 47 (May 1997)。

第十四章　有所不知

1. 除了和罗布讨论、向他请教外，我也读了他和 Mark Willis, “The Importance of Olfactory and Visual Cues in Nectar Foraging by Nocturnal Hawkmoths,” *Proceedings of Third International Congress of Butterfly Ecology and Evolution* (Chicago:

University of Chicago Press, 2000); and Robert Raguso and Eran Pichersky, “A Day in the Life of a Linalool Molecule: Chemical Communications in a Plant Pollinator System,” *Plant Species Biology* (in press); Natalia Dudareva et al., “Floral Scent Production in Clarkia breweri,” *Plant Physiology* 116 (1998); and Robert Raguso and Barbara Roy, “Floral Scent Production by *Puccinia* Rust Fungi That Mimic Flowers,” *Molecular Ecology* 7 (1998)。

第十五章　蓝玫瑰的炼金术

1. 伯恩哈特的《玫瑰之吻》(*The Rose's Kiss*) 对双层玫瑰和玫瑰的演化有精彩论述。想了解更多有关杂交育种的事，可参考 Steve Kemper, “Ron Parker Puts the Petals on Their Mettle,” *Smithsonian* 25 (August 1994)。至于那段讲到花朵颜色和有色的边，则是引用自罗恩·帕克 (Ron Parker)。

2. “Programs Are Launched to Analyze Impact of Bt Corn on Monarch Butterflies,” *Chemical Market Report* 256 (November 1999); and “Of Corn and Butterflies,” *Time* 153 (May 1999) 都谈到了基因转植的玉米和其所牵涉的争议，以及它对蝴蝶可能造成的伤害。

3. 想知道更多蓝玫瑰的事，可看看 *New Scientist*, October 31, 1998: David Concar, “Brave New Rose”; Phil Cohen, “Running Wild”; Martin Brookes and Andy Coghlan, “Live and Let Live”; and Debbie Mack, “Food for All”。我也参考了 Andy Coghlan, “Blooming Unnatural,” *New Scientist*, May 22, 1999; Rozanne Nelson, “Not Making Scents,” *Scientific American*, September 1999; Ruth

Pruyne, "Green Genes," *Penn State Agriculture Magazine* (winter 1997); and Ruth Pruyne, "Shedding Light," *Breakthroughs* (magazine for alumni of the College of Natural Resources at University of California Berkeley)(summer 2000)。

4. 引用杰里米·里夫金的段落出自 *Biotech Century* (Penguin Putnam, 1998)。

第十六章　植物疗法

1. 向日葵清除辐射的资料，我参阅了 Andy Coghlan, "Flower Power," *New Scientist*, December 6, 1997。另外一篇讲植物修复的文章也写得很好：Amy Adams, "Let a Thousand Flowers Bloom," *New Scientist*, December 1997。第十六届国际植物学研讨会上有无数的演讲和论文都跟植物修复有关，包括用多媒体呈现的 Ilya Ruskin, "Plants That Are Decontaminating the Environment."

2. 苦可乐树的资料来自 Maurice Iwu, "Ethnobotany: A New Plant Discovery to Cure Disease" (media presentation at Sixteenth International Botanical Congress, St. Louis, Mo., August 1999); and from "Edible Plant Stops Ebola Virus in Lab Tests" (press release of Sixteenth International Botanical Congress, St. Louis, Mo., August 1999)。许多报纸杂志都有针对此发现的追踪报道。

3. 长春花的资料出自 *Systematics Agenda, 2000, Charting the Biosphere* (distributed at Sixteenth International Botanical Congress, St. Louis, Mo., August 1999)。

4. 针对植物的药用功能，我参考了 Michael Moore, *Medicinal Plants of the Mountain West* (Museum of New Mexico Press, 1979)。

5. 关于花的萃取物，我查阅了 Clare Harvey and Amanda Cochrane, *The Encyclopedia of Flower Remedies: The Healing Power of Flower Essences Around the World* (Thorsons, 1996); and Anne McIntyre, *Flower Power* (New York: Henry Holt, 1996)。

6. 许多书籍文章也谈到向日葵，例如 Rita Peiczar, "The Prodigal Sunflower," *American Horticulturist*, August 1993。